高含硫气藏地面建设项目管理技术

主　编：周德志　杨　彪

副主编：彭星煜　宋文中

石油工业出版社

内 容 提 要

本书系统介绍了高含硫气藏地面建设项目管理技术，主要内容包括高含硫气藏地面建设项目组织管理、设计理念、物资管理、施工管理、调试及试运行管理等。

本书可供从事油气田地面工程建设管理的科研人员、技术人员、管理人员参考使用，还可供高等院校相关专业师生参考阅读。

图书在版编目（CIP）数据

高含硫气藏地面建设项目管理技术 / 周德志，杨彪主编. —北京：石油工业出版社，2024.5
ISBN 978-7-5183-6697-2

Ⅰ.①高… Ⅱ.①周… ②杨… Ⅲ.①含硫气体—气藏工程—地面工程—工程项目管理 Ⅳ.①TE4

中国国家版本馆 CIP 数据核字（2024）第 094512 号

出版发行：石油工业出版社
　　　　　（北京市朝阳区安华里二区 1 号楼　100011）
　　　网　　址：www.petropub.com
　　　编 辑 部：（010）64523687　图书营销中心：（010）64523633
经　　销：全国新华书店
印　　刷：北京中石油彩色印刷有限责任公司

2024 年 5 月第 1 版　2024 年 5 月第 1 次印刷
787×1092 毫米　开本：1/16　印张：11
字数：222 千字

定　价：60.00 元
（如出现印装质量问题，我社图书营销中心负责调换）
版权所有，翻印必究

《高含硫气藏地面建设项目管理技术》
编 写 组

主　编：周德志　中国石油西南油气田分公司

　　　　杨　彪　中国石油西南油气田分公司

副主编：彭星煜　西南石油大学

　　　　宋文中　中国石油西南油气田分公司

成　员：（按姓氏拼音排序）

　　　　范林云　中国石油西南油气田分公司

　　　　孔　冰　西南石油大学

　　　　李　懿　中国石油西南油气田分公司

　　　　罗光文　中国石油西南油气田分公司

　　　　石　磊　中国石油西南油气田分公司

　　　　吴　静　川庆钻探蜀渝石油建筑安装工程有限责任公司

　　　　谢雨晨　中国石油西南油气田分公司

　　　　杨志伟　中国石油西南油气田分公司

　　　　郑忠云　中国石油西南油气田分公司

前　言

高含硫气藏地面建设项目通常涉及多个工程阶段，包括项目前期准备、勘探开发、设备采购、建设施工和运行维护等环节。高含硫气藏地面建设项目管理是针对高含硫气藏的开发过程中的一个重要主题。

随着能源需求的不断增长和天然气市场的发展，高含硫气藏地面建设项目管理成为能源行业的重要课题，相关项目的成功实施对于能源行业的发展至关重要，其不仅能满足日益增长的能源需求，提供清洁、高效的燃料，还能带动相关产业的发展和经济的增长。本书主要介绍了该领域的技术管理要点。

本书涵盖了国内外最新的研究成果和成熟的行业实践，力求反映近年来国内外高含硫气藏地面建设项目管理的新技术、新工艺，同时结合高含硫气藏地面建设工程自身管理特点，对其数字化、智能化管理的应用情况进行了介绍与总结。

本书系统地介绍了高含硫气藏地面建设项目管理的主要关键点，主要内容包括高含硫气藏地面建设项目组织管理、设计理念、物资管理、施工管理、调试及试运行管理，每个章节均提供了必要的理论基础，全面解析了相关技术要点，并且在每个章节最后提供了部分案例说明，为项目的规划和设计提供更科学的依据，并帮助读者对相关章节的内容有更好的理解。

本书由中国石油西南油气田分公司组织编写，得到了西南石油大学石油工程学院储运研究所的支持。具体编写分工如下：第一章由周德志编写；第二章由杨彪编写；第三章由彭星煜编写；第四章由宋文中编写；第五章和第六章由罗光文、范林云和郑忠云编写。孔冰、李懿、石磊、吴静、谢雨晨、杨志伟也在本书的编写过程中做出许多贡献。

在本书的编写过程中参考和引用了许多中外文献以及行业相关资料，特向原作者致谢。

由于编者的学识和水平有限，书中难免有一些缺点和不足之处，恳请读者批评指正。

目 录

第一章 绪论 ··· 1

第一节　高含硫气藏特征及地面建设管理概述 ··· 1
第二节　国内外高含硫气藏及其地面建设管理现状 ··································· 7
第三节　高含硫气藏地面建设管理关键技术及其难点 ······························ 14
参考文献 ·· 20

第二章 高含硫气藏地面建设项目组织管理 ··· 22

第一节　高含硫气藏地面建设工程环节 ·· 22
第二节　高含硫气藏地面建设总部署方案 ··· 23
第三节　高含硫气藏地面建设项目组织管理方案 ······································· 34
第四节　高含硫气藏地面建设工程数字化 ··· 37
第五节　案例说明 ··· 39
参考文献 ·· 51

第三章 高含硫气藏地面建设项目设计理念 ··· 53

第一节　高含硫气藏地面建设设计依据 ·· 54
第二节　高含硫气藏地面建设安全设计理念及管理 ···································· 58
第三节　高含硫气藏地面建设材料耐腐蚀要求 ·· 65
第四节　高含硫气藏地面建设工程评价 ·· 68
第五节　案例说明 ··· 69
参考文献 ·· 71

第四章 高含硫气藏地面建设物资管理 ··· 72

第一节　高含硫气藏地面建设物资管理概述 ··· 72
第二节　高含硫气藏地面建设材料质量管控管理 ······································· 75
第三节　高含硫气藏地面建设采购流程控制措施 ······································· 82
第四节　高含硫气藏地面建设物资管理体系 ··· 86
第五节　案例说明 ··· 90

参考文献 ··· 96

第五章　高含硫气藏地面建设施工管理 ··· 98

　　第一节　高含硫气藏地面建设工程施工总部署原则 ·· 98
　　第二节　高含硫气藏地面建设工程施工组织管理 ··· 99
　　第三节　高含硫气藏地面建设工程施工质量管理 ··· 101
　　第四节　高含硫气藏地面建设工程职业健康安全与环境管理 ······························ 118
　　第五节　高含硫气藏地面建设工程法兰管理 ··· 120
　　第六节　高含硫气藏地面建设工程清洗及泄漏试验等管理 ································· 125
　　第七节　高含硫气藏地面建设工程抗硫碳钢管/复合管施工及检测工艺 ·················· 130
　　第八节　案例说明 ·· 142
　　参考文献 ·· 148

第六章　高含硫气藏地面工程调试及试运行管理 ·· 149

　　第一节　调试及试运行工作流程体系 ··· 149
　　第二节　调试及试运行紧急事件预防方案 ··· 152
　　第三节　案例说明 ·· 154
　　参考文献 ·· 168

第一章 绪论

由于高含硫气藏含有硫化氢,而硫化氢具备极强的腐蚀性及毒性,在开采过程中会对设备/管道造成严重腐蚀,影响设备/管道的安全性、可靠性和使用寿命,极易因设备和管道防护不当而对从业人员的身体造成危害,同时如果发生爆炸、泄漏或燃烧,会泄漏出大量的二氧化硫等有害物质,对大气、土壤、水源等造成污染,严重影响生态环境。因此,高含硫气藏的开发需要采取有效的技术措施,加强设备防腐、加强安全防护、加强环境保护等,以保证高含硫气藏的安全、高效、环保的开发。

高含硫气藏地面建设管理是指在高含硫气田的开发过程中,对地面工程、设备、管线等进行安全、环保、高效的设计、施工、运行管理和维护。高含硫气藏项目管理的重点在于高含硫气藏地面工程设计理念、高含硫气藏地面工程设计管理、高含硫气藏地面工程物资管理、高含硫气藏地面工程施工管理以及高含硫气藏地面工程调试及试运行管理等。对高含硫气藏地面建设项目展开管理能保障高含硫气田安全开发、稳定开发、高效开发以及环保开发,充分保证高含硫气田开发的安全性,降低对生态环境的影响和污染。

第一节 高含硫气藏特征及地面建设管理概述

高含硫气藏地面建设管理需要对生产过程中的各个环节进行管理和监控,包括输送和储存等。管理的重点在于对含硫气体进行有效的控制和处理,以避免对环境和人类健康造成危害。此外,管理还需要确保设备和设施的安全可靠,以防止事故的发生,为能源产业的可持续发展提供保障,同时也为环境保护和人类健康提供保障。

一、高含硫气藏特征

高含硫气藏是指气藏中硫化氢(H_2S)含量在 2%~10%(体积分数)的气藏。硫化氢是一种有毒气体,具有刺激性气味,极易燃,具有爆炸和窒息危险,对人体和环境具有很大的危害性。

高含硫气藏的开发具有很高的经济价值和社会效益,但也面临着很大的技术挑战和风险管理,需要考虑气藏的相态特征、井完整性、元素硫沉积、腐蚀防护、气体净化、安全环保等多方面的因素。因此,高含硫气藏的开发和利用具有一定的技术和安全难度,需要采取严格的安全措施和技术管理。

高含硫气藏的形成与地质条件、地球化学作用和微生物作用有关。目前,全球已发现400多个高含硫气田,主要分布在北美、欧洲、中国和中东地区。我国的高含硫气藏主要分布在四川盆地,地质储量超过1万亿立方米,典型高含硫气田有罗家寨气田、铁山坡气田、渡口河—七里北气田、卧龙河气田、普光气田、元坝气田等。

根据硫化氢的含量,含硫气藏可以分为微含硫、低含硫、中含硫、高含硫和特高含硫气藏。根据《天然气藏分类》(GB/T 26979—2011),高含硫气藏的分类有不同的划分方法,主要有按硫化氢体积分数分类以及按硫化氢质量分数分类两种划分方法。

根据气藏分类标准,高含硫气藏指硫化氢(H_2S)体积分数在2.0%～10.0%,或质量分数介于30～150 g/m^3的气藏,见表1.1。

表1.1 含硫气藏分类

分类依据	硫化氢体积分数(%)	硫化氢质量分数(g/m^3)
微含硫气藏	<0.0013	<0.02
低含硫气藏	0.0013～0.3	0.02～5.0
中含硫气藏	0.3～2.0	5.0～30.0
高含硫气藏	2.0～10.0	30.0～150.0
特高含硫气藏	10～50	150.0～770.0
硫化氢气藏	>50	>770.0

本书与国内相关的高含硫设计、施工标准一致,适用于天然气中硫化氢分数不小于5%(体积分数)的高含硫化氢气田的地面建设工程。

高含硫气藏开发具有很大的难度和风险,因为硫化氢具有剧毒和强腐蚀性,而且元素硫会在地层压力下降时析出并沉积在储层岩石中,影响气田产能。高含硫气藏通常分布在超深(≥4500m)、礁滩相等复杂地质条件下,需要精细的储层描述、剩余气潜力挖掘、控制硫沉积和水侵等技术支撑。高含硫气藏主要有以下特征:

(1)含硫量高。

高含硫气藏中硫化氢含量高于规定标准,有些气藏甚至含量可以达到50%以上。气田开采过程中，随着地层压力下降，元素硫溶解度下降，当气体中的元素硫含量超过其溶解度时，元素硫会从气体中析出并沉积在储层岩石中，堵塞渗流通道，降低气体产能。

（2）高温高压。

高含硫气藏的储层深埋，温度高、压力大。深层、高温、高压气藏埋深可达7000m，地层压力可超过80MPa，地层温度可达150～180℃。

（3）气质独特。

高含硫气藏中硫化氢含量高，低浓度硫化氢气味刺激，易燃易爆，有极高的毒性，对人体和环境造成危害。

（4）腐蚀性强。

高含硫气藏中含有丰富的含硫化合物，具有剧毒和强腐蚀性，同时含有一定浓度的二氧化碳，会对管道和设备造成严重的腐蚀，对人员、设备和环境构成威胁。

（5）开发难度大。

气藏通常分布在超深、礁滩相等复杂地质条件下，需要精细的储层描述、剩余气潜力挖掘、控制硫沉积和水侵等技术支撑。开采和利用存在较大的技术和安全难度，需要采取严格的技术和安全措施。

（6）经济价值高。

高含硫气藏的开采和利用对于国家能源安全和经济发展至关重要，具有重要的战略地位。

（7）地质条件复杂。

气藏地质条件复杂，多为碳酸盐岩储层，具有强烈的非均质性和多级孔隙结构，常伴有地层水。

（8）开发要求高。

气藏开发需要采用特殊的防腐蚀、防毒、防爆等安全技术，成本高，风险大。气藏开发对环境保护要求高，需要有效处理含硫气体和废水，减少污染物排放。

二、高含硫气藏地面建设管理概述

高含硫气藏地面建设管理是指对高含硫气藏进行开发利用时，对地面设施建设、生产运营、安全管理、环境保护等方面的全面管理和监控。主要涉及勘探开发方案确定、工程设计、物资采购、地面设施建设、调试、试运行和竣工验收等多个方面。在高含硫气藏地面建设管理过程中，需要综合考虑气藏特征、地质条件、环保要求、安全风险等因素，采取科学的管理措施和技术手段，确保气井生产安全、环保和高效运行。同时，还需要加强对设施的定期检查和检验、持续监测和维护保养，及时发现和解决问题，确保设施的正常运转和延长使用寿命。高含硫气藏地面建设管理的实施，旨在保障气井生产的安全可靠性，降低生产成本，提高生产效率。

1. 高含硫气藏地面建设管理必要性

高含硫气藏地面建设项目涉及多个工程技术学科，以及相应的技术、质量和安全环保管控，需要对项目的前期规划、开发方案的编制、工程设计（初步设计和施工图设计）、物资采购、现场安装施工、装置调试和试运行、项目竣工验收、生产运行管理、装置大修和日常维护保养等全过程进行管控，需要协调各方的资源和利益，需要遵守各种法律法规和标准，需要控制各种风险和隐患，需要保证项目的质量、进度和效果。如果不对高含硫气藏地面建设项目整个过程的技术和质量进行有效管理，可能会导致严重后果。

首先，高含硫气藏开采往往伴随大量含有硫化氢等有毒有害废气，开采生产过程中，包括开停工、检维修时，可能会直接接触 H_2S，如果发生泄漏，可能被人体接触到，对人体造成伤害，甚至会导致生命危险。在气田的开发过程中有少量的 H_2S 直接泄漏到大气中，净化厂正常生产时排放的 H_2S、单质硫等是通过尾气灼烧炉将其燃烧成 SO_2 经尾气烟囱排放到大气中，以降低毒性。集气站和净化厂的放空火炬将生产中泄漏或放空的含硫气体都燃烧成 SO_2 排放到大气中，从而有效减少废气对环境和人体健康的危害。

其次，高含硫气藏地面建设项目涉及大量的设备和材料，特别是接触高酸性和湿 H_2S 介质的设备、管材、管件、阀门等；同时需要大量的工程技术人员、管理人员、生产操作员工参与项目全过程的管理；若管理不当，容易发生事故。这些事故不仅会对人员和环境造成损害或伤亡，同时会给企业带来巨大的经济损失。因此，对高含硫气藏地面建设项目进行有效管理，可以充分保证设备设施的安全可靠性，降低事故发生的概率，保障人员安全和环境，并保障企业的经济利益。

此外，高含硫气藏地面建设项目涉及土地、水资源等自然资源的利用，如果管理不当，容易造成生态环境的破坏。因此，对高含硫气藏地面建设项目进行有效和严格管理，可以保障生态环境的可持续发展，从而实现经济、社会和环境的协调发展。

综上所述，对高含硫气藏地面建设管理非常必要，其必要性主要体现在三个方面，即安全、环保、经济。

（1）安全。

高含硫气藏的开采和利用会产生大量含硫化合物，如硫化氢、二氧化硫等有毒气体，这些气体对人体和环境都具有较大的危害。因此，对高含硫气藏地面建设进行科学管理，采取合理措施，能够保障工作人员和周围居民的安全。

（2）环保。

高含硫气藏开采和利用过程中，会产生大量含硫化合物（二氧化硫）排放到大气中，对环境产生污染。对高含硫气藏地面建设进行管理，采取合理处理工艺，能够减少气体排放，保障周围环境的安全和健康。

（3）经济。

高含硫气藏开采和利用过程中，需要经过复杂的工艺对高含硫天然气进行加工和处理，建设和生产运行成本较高。对高含硫气藏地面建设进行合理管理，能够优化工艺流程，降低建设和生产运行成本，提高装置运行的安全可靠性和企业经济效益。

因此，对高含硫气藏地面建设管理的必要性不言而喻，这是保障人员安全、环境安全、装置安全和企业经济效益的重要举措。可有效保证天然气的质量，满足用户的需求，提高市场竞争力；保障人员和设施的安全，防止硫化氢等有毒有害物质的泄漏、设备和管道的腐蚀穿孔和爆炸等事故发生；保护环境，减少对大气、水体、土壤等生态系统的污染和破坏；提高气田的生产效率和经济效益，降低运行风险和成本。

2. 高含硫气藏地面建设管理目的

高含硫气藏高含硫化氢，硫化氢是一种无色、有毒、易燃的气体，在低浓度时具有强烈的刺激性，会对人体健康和环境造成严重危害。因此，出于安全、经济和环保等方面考虑，对高含硫气藏地面建设项目进行有效和严格管理，具有重要意义。对高含硫气藏地面建设项目进行管理，可保障高含硫天然气藏安全开发、稳定开发、高效开发、环保开发，提高气田的生产效率和经济效益，降低运行风险和成本，实现我国天然气上下游工业的协调发展，缓解我国天然气供需矛盾。

（1）保障安全。

高含硫气藏属于危险性较高的气藏，其开采和利用过程中存在较高的安全风险，如存在着爆炸、中毒等安全风险。对于地面建设的管理，可以通过加强工艺/自控/设备/材料的安全管理、可靠性管理、风险评估和预防措施，制定严格的安全和可靠性管理规定，包括安全防范措施、应急预案等，降低安全风险，确保工作人员和周边居民的安全。

（2）保护环境。

高含硫气藏开采和利用过程中，可能会产生大量的二氧化硫和其他有害气体，这些物质会对周边环境和人体健康造成危害。因此，对于高含硫气藏地面建设进行管理，可以通过严格的环境保护要求和监管措施，实现二氧化硫达标排放，减少这些有害气体的排放，对排放的废气和废水进行有效的治理，降低对环境的影响，防止硫化氢等有害物质污染空气、土壤和水源，保障周围环境的安全。

（3）提高经济效益。

高含硫气藏是一种重要的能源资源，对国家经济和社会发展具有重要意义。在地面建设管理中，可以通过规范建设流程、加强监管和协调等，推动建设进程；加强生产过程的管控，提高开采效率；优化开采方案和技术，提高资源的利用效率，确保资源的充分利用，实现经济效益最大化。

（4）推动可持续发展。

高含硫气藏的开采和利用存在较高的环境和安全风险，需要采取可持续发展的方式进行管理。在地面建设管理中，应注重资源保护、生态保护和社会责任，实现经济、社会和环境的协调发展。

综上所述，高含硫气藏地面建设管理是保障安全、保护环境、提高经济效益和推动可持续发展的重要手段。能够保障高含硫气田的安全开发，防止硫化氢的泄漏、火灾、爆炸等事故，保护人员和设备的安全；能够保障高含硫气田的稳定开发，提高气井的产能和产量，延长气井的寿命，降低开发成本；能够保障高含硫气田的高效开发，优化地面工艺流程，提高气体的净化和利用率，增加经济效益；能够保障高含硫气田的环保开发，减少硫化氢的排放和废水的排放，降低对环境的影响和污染。

3.高含硫气藏地面建设管理措施

具体来说，高含硫气藏地面建设管理措施主要包括以下几个方面。

（1）环境保护措施。

高含硫气藏开采和利用过程中，若大量含硫化合物排放到大气中，会对环境产生严重污染。故需要对地面建设进行管理，采取环保治理措施，如净化废气、回收硫等，减少气体排放，保障周围环境的安全和人员健康。应制定严格的环境保护计划，防止硫化氢等有害气体泄漏对周围环境和人体造成危害。应采用密闭正压式储气罐等设备，并建立完善的H_2S气体和可燃气体泄漏监测和报警机制，及时发现和处理泄漏事故。

（2）安全管理措施。

高含硫气藏开采和利用会产生大量含硫化合物，如硫化氢、二氧化硫等有毒气体，这些气体对人体和环境都具有较大的危害。故需要地面建设、需要特殊的安全管理措施，如配备防爆、通风、气体检测等系统，保障工作人员和周围居民的安全。应制定完善的安全管理制度，如社区报警、应急响应，保证工人和设备的安全。应配备足够的安全设施和装备，如气体检测仪、呼吸器、防毒面具等。同时，应开展必要的安全培训和演练，提高工作人员应急处置的能力。

（3）有效治理措施。

高含硫气藏开采和利用需要经过复杂工艺进行加工和处理，如脱硫处理、硫回收、尾气处理、污水处理等。对地面建设进行科学管理，可以优化工艺流程，降低生产成本，提高企业经济效益。同时，应及时处理含硫化氢的污水和废气，减少对环境的影响。

（4）操作规范化管理。

高含硫气藏中的硫化氢气体具有极强的毒性和腐蚀性，对人体和设备都有很大的危害。高含硫气藏地面建设过程中，涉及多个环节，操作不规范容易导致事故发生，严重影响生产安全和环境保护，因此可以采用成熟的工艺、可靠的控制系统及本安型的设备/材料，以及规范化的施工等确保后期运行的安全性、可靠性。

（5）信息化管理措施。

高含硫气藏的开采和利用过程中，需要进行复杂的地面建设和管理，包括气井、管道、设备、作业人员等多方面的管理。传统的管理方式存在着信息不对称、效率低下、数据处理不及时等问题，无法满足高含硫气藏的安全、高效、可持续开发需求。因此，采用信息化管理方式可以解决这些问题。对地面建设进行信息化管理，可以实现对生产过程的实时监控、远程控制和数据分析，提高生产管理水平和效率。

（6）管理监督措施。

高含硫气藏开采过程中存在着一定的安全风险，加强管理监督措施可以提高生产安全保障能力。应建立严格的管理监督制度，加强对地面建设的监管和检查，对违反规定的企业和个人实施处罚和纠正措施。同时，应加强信息公开和沟通，提高社会监督和参与度，共同维护生态环境和公共安全。

总之，对高含硫气藏地面建设进行科学管理，可以降低生产成本、保障生产安全、延长设备寿命、保障环境安全、提高企业经济效益、树立良好形象，符合可持续发展的要求。

第二节　国内外高含硫气藏及其地面建设管理现状

一、国内外典型高含硫气藏

1. 国内典型高含硫气藏

我国典型高含硫气藏主要分布在四川盆地、渤海湾盆地等地区。其中，四川盆地海相地层的渡口河气田、罗家寨气田、中坝气田、威远气田、卧龙河气田等高含硫气藏最为突

— 7 —

出。这些气藏中的天然气含有大量的硫化氢，因此开发和利用这些气藏需要采取特殊的技术措施来确保生产的天然气不会对人员和环境造成危害。高含硫气田开发建设还有其他比较重要的措施和技术手段，如更严格的材料选择及相关测试要求、焊接和无损检测要求、法兰管理、气体泄漏监测、可靠的紧急泄放系统、社区报警及应急响应系统等，以确保安全开发利用。

1）中坝气田雷三气藏

中坝气田雷三气藏是我国典型的含硫天然气气藏之一，位于四川盆地西北部的中坝气田，是中国大陆最大的含硫气田之一。雷三气藏主要由三个气层组成，包括上、中、下三层气藏，其中以中层气藏的含硫气体最为丰富。目前，雷三气藏已经成为中坝气田的主要产气区之一，年产天然气超过 $50\times10^8m^3$。雷三气藏的气体中硫化氢含量一般为 6.55%~7.29%。

雷三气藏的勘探和开发始于 20 世纪 60 年代，经过多年的开发，中坝气田已成为我国西南地区最大的天然气生产基地之一。在雷三气藏的开发过程中，采用了多项技术创新和先进设备，包括水平井、多点注水压裂、自动化控制系统等，提高了开采效率和减少了环境污染。

1982 年 3 月 28 日，雷三气藏中 4 口井试产，标志着我国特高含硫气藏开发起步。该气藏是我国第一个每立方米硫化氢含量超 100g 的酸性气藏，也是我国开采的第一个高含硫气藏，曾获中国石油优秀开发方案设计奖。按照国家统计局经济景气中心的方法计算，其累计产气量相当于替代原煤约 1066×10^4t，减少二氧化碳排放约 1121×10^4t。

迄今，中坝气田已拥有 49 年开发历史，须二气藏和雷三气藏共有完钻井 73 口，获气井 39 口。截至 2021 年 6 月，中坝气田共提交天然气探明地质储量 $86.3\times10^8m^3$、采出天然气量 $80.06\times10^8m^3$，采出程度 92.77%，贡献节能量约 1300 多吨标煤，为区域经济绿色发展做出了积极贡献。

雷三气藏的开发和利用也面临着一些挑战。首先，由于硫化氢含量高，气体处理和净化难度较大，需要采用高效的技术和设备来净化和处理气体。其次，雷三气藏位于复杂的地质构造中，气体开采压力和温度也较高，需要采用高压高温下的工程技术和设备进行开采。另外，气田周围的环境也需要保护，避免对周围地区的生态环境造成不良影响。中坝气田雷三气藏是我国典型的含硫气藏之一，其开发和利用对于我国天然气行业的发展和国家能源安全具有重要意义。

2）四川盆地罗家寨气田

四川盆地罗家寨气田是我国典型的含硫气藏之一，硫化氢含量达 9.5%～11.5%，罗家寨气田位于四川省宣汉县和重庆市开县境内，地面高差变化较大，交通条件差。1999年12月，2000年6月先后在罗家1井和罗家2井获高产工业气流，宣告了罗家寨气田的发现。2004年根据第一批开发井的实施效果，完成了"罗家寨飞仙关鲕滩气藏开发实施方案"编制。期间西南油气田分公司组织安排多次国外技术考察、技术咨询、工程联合设、HAZOP审查等以保证安全和环保开发高含硫气田。

罗家寨气田是四川盆地迄今为止发现的储量规模最大的一个气田，2002年探明储量为$581\,08 \times 10^8 m^3$。其下三叠统飞仙关组储层由碳酸盐岩蒸发台地边缘优质鲕粒滩白云岩构成，圈闭面积大，构造幅度高，具有一定的埋藏隐蔽性。

罗家寨气田的开发和利用也面临一些挑战。针对线路工程地形复杂、交通条件差、安全矛盾突出、管理难度大等特点，首次在国内的气田内部集输管道的勘察设计中采用了卫星遥感、航测技术及成果以优化线路走向，提供施工图设计及管理用实时航测照片，为工程实施数字化管道管理做好了准备。

3）宣汉普光气田

宣汉普光气田（简称普光气田）位于四川省达州市宣汉县普光镇，属超深、高含硫、高压、复杂山地气田。普光气田是中国发现的最大规模海相整装高含硫气田。根据中国石油天然气行业气藏分类标准，属于特大气藏。普光气田是中国西南地区最大的天然气田之一，预计可开采天然气储量超过$1000 \times 10^8 m^3$。气田地质条件复杂，含气层系众多，包括上古生界、中生界和新生界三个层系。其中，以上古生界的四川组和下二叠统为主要的含气地层。

该气田的开发历史可以追溯到20世纪60年代。从2005年开发建设，仅用4年半时间，便建成中国第一个年产超百亿立方米的高含硫大气田，建成亚洲第一、世界领先的现代化天然气净化厂，使我国成为世界上少数几个掌握开发特大型超深高含硫气田核心技术的国家，2009年10月一次投产成功。通过技术攻关及现场工业化应用，形成了高含硫气田高产高效开发、腐蚀防护、特大规模深度净化、安全控制、抗硫管材国产化等5项创新技术，2012年12月获国家科学技术进步特等奖。2022年1月23日，我国最大高含硫气田中国石化普光气田投产12年来累计生产天然气超$1000 \times 10^8 m^3$。随着中国国内能源需求的不断增加，该气田的开采规模也不断扩大，至今已形成了一套完整的开采、输送、加工和销售体系。目前，该气田已经成为中国重要的能源资源之一，并且为满足国内外市场的天然气需求做出了贡献。

4）铁山坡气田

铁山坡气田位于四川省万源市罗文镇和宣汉县毛坝镇、普光镇境内，是中国石油首个自主开发的特高含硫气田，日产天然气$400 \times 10^4 m^3$，硫化氢最高含量达16.59%，属于特高含硫气藏，是目前国内已投产硫化氢含量最高的整装气田。

目前在铁山坡气田部署6口建产井，测试累计获日产气量超千万立方米，井均测试日产气 $171\times10^4m^3$，井均无阻流量达 $300\times10^4m^3/d$，实现特高含硫气田"少井高产"开发的重大突破。铁山坡气田首次大规模使用耐蚀合金双金属复合材料，腐蚀控制方面形成整体腐蚀控制新产品、新技术、新工艺并实现工程化，进一步提升了我国在特高含硫气田腐蚀防护领域的行业话语权。

铁山坡气田生产运行数据进行集中监视控制和调度管理，紧急情况下实现全气藏联锁关断和放空，在国内首次实现特高含硫气田开发站场无人值守。该气田集输站场采用固定式气体探测器+云台式激光泄漏监测系统，运用物联网、SCADA系统、数字孪生、数据可视化、无人机等信息化技术，跻身智能化气田。

5）渡口河—七里北气田

四川盆地渡口河—七里北气田位于宣汉县下八镇、桃花镇、南坝镇。动用飞仙关组1个层系，渡口河区块、七里北区块、黄龙009-H1井区、黄龙009-H2井区4个开发单元，动用含气面积 $64.15km^2$，地质储量 $430.06\times10^8m^3$，可采储量 $309.07\times10^8m^3$。区块位于达州市宣汉县境内，属高含硫化氢气藏，其中渡口河区块硫化氢含量达到17.06%，为当前国内自主开发的最高含硫整装气田。

渡口河—七里北气田总投资55亿元，部署投产井10口，新建采气井站4座。气田建成后，天然气开采规模将达到 $13.2\times10^8m^3/a$，年产商品气量 $10\times10^8m^3$，年产硫黄约 28×10^4t。

2. 国外典型高含硫气藏

1）阿斯特拉罕高含硫凝析气田

阿斯特拉罕高含硫凝析气田位于俄罗斯南部，在伏尔加河下游入里海口处，属于阿斯特拉罕州，是全世界已开发的最大的高含硫酸性（毒性）气田。该气田的总储量约为 $6.4\times10^{12}m^3$，其中含硫量高达6%~9%。

阿斯特拉罕高含硫凝析气田发现于1976年，储量为 $(3.8\sim4.21)\times10^{12}m^3$，1986年12月投入试采。阿斯特拉罕高含硫凝析气田产层为巴什基尔组碳酸盐岩，埋深3700~4000m，加权平均平面（-4015m）上的地层压力为61.2MPa，压力系数为1.5，属于超高压气田。地层流体中 H_2S 含量为16%~32%，C_2 含量为14%~21%。局部地区酸性气体含量（H_2S+CO_2）最高达50%。气田现有生产井128口，平均单井日产天然气 $25\times10^4m^3$，年产天然气 $120\times10^8m^3$，凝析油 300×10^4t，硫黄 400×10^4t。

2）泰国Bong kot气田

泰国Bong kot气田是位于泰国湾的一个重要天然气田，由泰国国家石油公司（PTT）和美国雪佛龙公司（Chevron）共同开发。该气田的总储量超过 $2000×10^8m^3$，是泰国最大的天然气田之一，也是亚洲最大的海上天然气田之一。

Bong kot 气田是由 Tenneco 公司在 1973 年 5 月发现的，于 1980 年开发，当时泰国政府向外国石油公司开放了国内的天然气资源。美国雪佛龙公司在竞标中获得了 Bong kot 气田的开发权，并与泰国国家石油公司合作开发。经过多年的勘探和开采，Bong kot 气田逐渐成为泰国重要的能源供应来源之一。该气田位于 15-B-1X 区块，后来得克萨斯太华洋公司接管了这个泰国湾最大的气田。据估计，Bong kot 气田天然气储量约有 $5097×10^8m^3$，凝析油 $3×10^6bbl$，道达尔公司在泰—越共同开发区附近钻探了 Ton Sak-1 井，在对该井进行天然气、析油测试之后，道达尔公司进一步确定了 Bong kot 区块的天然气和凝析油储量。

3）北方—南帕斯天然气田

北方—南帕斯天然气田是位于亚洲西部波斯湾的一个特大天然气田，是世界上已知的最大天然气田，位于伊朗和卡塔尔之间。北方—南帕斯天然气田总面积大约 $9700km^2$，其中北部 $3700km^2$ 位于伊朗水域内，被称为南帕斯天然气田；其余南部 $6000km^2$ 位于卡塔尔水域内，被称为北方气田。

南帕斯天然气田于 1990 年被伊朗国家石油公司发现。伊朗国家石油公司的分公司帕斯油气公司拥有与南帕斯有关的所有项目的权利，2002 年 12 月开始产气。北方气田是 1971 年发现的，1989 年开始生产。2005 年卡塔尔石油公司担心北方气田的开采速度过快，会降低储藏的压力，最后减低长远开采能力。北方—南帕斯天然气田的可开采率约为 70%，相当于 $36×10^{12}m^3$ 可开采的天然气，占世界可开采天然气的总储藏约 19%。

4）卡塔尔北部气田

卡塔尔北部气田位于卡塔尔海域。该气田的含硫量高达 20% 以上，是目前全球含硫量最高的气藏之一。为了开采和利用这种高含硫气体，卡塔尔投入了大量资金用于技术研发和设备改进，使得该气田的开采和利用水平非常高。

卡塔尔北部气田的开采始于 20 世纪 70 年代初期，当时发现了 North Field。自那时起，卡塔尔开始开发这个巨大的气田，并于 20 世纪 90 年代初期开始向国际市场出口天然气。目前，卡塔尔北部气田是卡塔尔经济的支柱之一，也是全球天然气市场的重要供应商之一。

5）印度瓜廖尔气田

印度瓜廖尔气田位于印度西部的孟买市以北，是印度规模最大的天然气田之一，占地面积约为 $2000km^2$，储量超过 $6000×10^8m^3$。该气田的含硫量高达 6%~7%，对环境和人体健康产生较大的影响。为了解决这个问题，印度政府和相关企业投入了大量资金用于硫化氢处理和环保治理等方面的研发和建设。

瓜廖尔气田是由印度国有石油天然气公司（ONGC）于1958年发现的，其主要气藏位于孟买高原地层中，深度为2000～4000m。该气田目前已经经历了多次开采阶段，其中最初的开发工作始于1967年。瓜廖尔气田主要产生天然气，但是该气田也有一定量的石油产出。截至2021年，该气田的日产量约为$3100×10^4m^3$的天然气和约15000bbl的石油。该气田目前被划分为多个开采区块，其中包括主要的瓜廖尔、乌兰、巴西恩和尼兹姆开采区块。

6）俄罗斯—乌兹别克斯坦天然气田

乌兹别克斯坦位于中亚地区，是世界上最大的陆地铜元素矿和第二大棉花出口国，拥有丰富的天然气资源，主要分布在布哈拉—花拉子穆斯盆地和乌尔根托克穆斯盆地。这些盆地位于亚洲内陆，拥有丰富的天然气储量。

俄罗斯—乌兹别克斯坦天然气田的储层是世界上最大的硫化氢含量天然气储层是位于俄罗斯和乌兹别克斯坦交界处，总储量约为$1.6×10^{12}m^3$。该气田的含硫量高达50%。该天然气田是由乌兹别克斯坦国家石油和天然气公司及俄罗斯天然气工业股份公司共同开发的。该气田已经被开采了多年，天然气产量在过去的几十年里一直保持在较高水平，为乌兹别克斯坦和邻近国家提供了大量的能源资源。

二、国内外高含硫气藏地面建设管理现状

1.国内高含硫气藏地面建设管理现状

1）高含硫气藏地面集输与防腐技术

当前阶段，我国特高含硫气田不断得到开发，现已经建成一系列的高含硫气田，且气田开发地面集输工程的相关技术也正在不断进步，防腐技术、腐蚀监测、智能清管、阴极保护、设备材料优化、应急响应等方面也为特高含硫气田的开发提供了支持。

从我国当前阶段特高含硫气田开发的现状上面来看，地面集输系工程的设计对于腐蚀控制十分重视，对此一般所采取的方式是TEG脱水工艺技术，这一技术的使用在基本上已经适应了特高含硫气田地面集输工程建设过程中的需要。

针对高含硫气田开发过程中地面集输管道内易形成发泡乳状物，从而导致管道堵塞及下游净化厂脱硫装置拦液冲塔等生产安全环保问题，自主研发高含硫气田地面集输用抑泡缓蚀剂，集输管线内残液发泡量降低95%以上。自主构建了氢通量值与内腐蚀速率之间的函数关系，实现了高含硫气田集输管线预膜周期的无损检测，抑泡缓蚀剂现场膜持久时间超过45天。

普光气田是我国规模最大、丰度最高的特大型整装海相高含硫气田，开发普光气田过程中，工程建设者们自主创新了特大型高含硫气田腐蚀防护技术，首次实现了年产百亿立

方米高含硫湿气的直接输送，造就了利国利民的川气东送工程，节约了土地、减少了污染源，并降低了投资20%；自主创新了高含硫天然气特大规模深度净化技术，自主设计建成世界第二大高含硫天然气净化厂——普光天然气净化厂；自主创新了特大型高含硫气田安全控制技术，建立了国内首座复杂山地油气田应急救援基地，研发了全气田四级关断连锁控制技术，确保了生产安全。

2）高含硫气藏地面工程安全管理技术

酸性气田区域环境复杂，风险防控要求高，研究集成酸性气田开发区域联动应急救援技术，形成生产与应急状态可视化、泄漏监控全覆盖、报警与响应无死角的应急保障体系，实现周边环境与敏感目标可视化动态管理。

根据现场作业和工程建设实践，制定相关规章制度。健全的制度规定，规范的现场操作，保证了现场作业和地面施工安全平稳运行；按照"谁施工、谁主管、谁负责"的原则，作业过程中，要求责任主体单位与施工单位签订安全管理协议，划清作业区域。安全监督管理部门每天派出安全监督人员到施工现场，坚持安全巡回检查，监督作业人员严格按照操作工序规程施工，监督施工人员严格遵守安全管理制度及规定。作业时，各相关单位要服从责任主体单位的统一指挥，从思想根源上提高地面施工人员安全意识。

如今站场建立"集中监控、片区巡检"的集输站场集中监控智能化管理模式，集气站场不设值班人员，每班定时巡检；生产操作由监控中心远程控制。该管理模式在中国的首次应用是在元坝气田，为其节约用工和人工成本。

3）高含硫气藏地面工程环保技术

针对天然气净化装置污水含有醇胺等有机溶剂、磷酸钠等无机盐及油污的情况，应用污水分质处理理念，集成创新了生化处理、电渗析处理、蒸发结晶为一体的污水深度处理新技术，将净化装置内的污水按照正常生产污水、检修污水、初期雨水、含盐废水分类收集。正常生产污水、检修污水和初期雨水引入生化处理装置。生化处理装置处理后未回用完的达标污水和电渗析处理装置处理后所产生的浓水均进入蒸发结晶装置进行深度处理。

2. 国外高含硫气藏地面建设管理现状

1）高含硫气藏地面集输与防腐技术

随着高含硫气田开发建设的深入，世界各地高含硫气田地面输送技术水平不断提高，形成了多种工艺技术。就当前阶段来说，国外高含硫气田地面组装输送技术相对发达，其主要由以下几方面技术所构成，即含硫天然气干燥技术、系统防腐技术、防水合物技术、气液混合输送技术等。在这些技术中，属含硫天然气干燥技术类的高含硫三甘醇（TEG）脱水技术在实际高含硫气田中的使用最多，它主要是以干燥器作为核心，在整个干燥再生过程中不会排放大量含硫气体，从而减少了生产中环保事故的发生。

国外目前解决硫沉积主要有化学除硫和物理除硫两种方法。一般管线和设备的腐蚀是通过加注缓蚀剂来建立腐蚀监测体系。为了避免硫化物腐蚀应力开裂的发生，必须对金属材料进行严格的控制。例如，壳牌加拿大公司酸气田，主要采用传统缓蚀剂，处理工艺为连续、间断缓蚀处理，智能清管和其组合工艺。新管系分段采用缓蚀剂作预处理，以形成厚缓蚀剂膜。根据酸气管线的腐蚀环境，制定相应的处理程序；根据气体流速、生成水氯化物浓度、烃凝析物与水的比例等的临界水平确定处理方式，并给出处理指南建议。当实际情况一个或若干临界参数改变，调整处理方式。

此外，从拉克气田集气管道系统的腐蚀经验发现，在管道中气体流速最低的部位往往会发生腐蚀现象。在理论上，流体可以在管道内呈"环状流"从而能对管道起到保护。进而要根据不同直径的管道来确定其最低流速。

2）硫气藏地面净化技术

从国外高含硫天然气净化处理采用的工艺和这些工艺本身应用的情况可以看出，高含硫天然气的净化处理与一般常规含硫天然气的净化处理采用的工艺在本质上没有差别。只是高含硫天然气由于H_2S含量较高，通常都采用溶剂法脱硫，并根据原料天然气的气质条件选择化学溶剂法或者物理溶剂法或者化学—物理溶剂法等，现在所采用的工艺技术都为成熟技术，用于常规天然气的净化处理方法无须作太大改进就可用于高含硫天然气，这方面国外已有成功经验，并有多套装置至今仍在运行。

对于高含硫天然气的净化处理，由于H_2S含量高，其潜在危害极大，更应当注重HSE工作，力求避免人员伤害和给周围生态环境带来严重危害。因此，无论是原料酸性天然气输送管线布局，或者是装置的建设选址，或是产生硫黄的加工或运输方式选择等方面，除了考虑工艺需要、经济性因素外，HSE已放在了重要位置。

第三节　高含硫气藏地面建设管理关键技术及其难点

一、高含硫气藏地面建设管理关键技术

高含硫气藏地面建设管理的目的是保障高含硫气田的安全、稳定、高效开发，同时减少对环境的影响和污染。高含硫气藏地面建设管理关键技术主要包括以下几个方面。

1. 高含硫气藏地面建设组织管理

高含硫气藏地面建设组织管理，包括工程概况、施工总部署方案、项目组织管理方案等，详见本书第二章。高含硫气藏地面建设项目组织管理的关键在于合理规划、科学管理、安全生产、环境保护和持续改进。

（1）合理规划。

项目前期应做好项目可行性研究和规划，明确项目范围、建设目标和可行性分析，制定详细的工作计划和实施方案，包括技术路线、工程进度、资源投入等，确保项目能够按照预定的时间节点和质量标准完成。

（2）科学管理。

在项目实施过程中，应建立科学的管理制度和组织架构，明确各部门和人员的职责和任务，确保项目各项工作有序推进。同时，要加强项目管理的信息化建设，利用信息技术提高管理效率和工作质量。此外，要做好人员管理和培训，提高员工的技术和管理水平。

（3）安全生产。

高含硫气藏地面建设项目涉及高风险的工艺和设备，因此安全生产是至关重要的。项目组织应建立健全的安全管理制度和培训体系，提高项目参与人员的安全意识、风险识别能力和应急能力。同时，要加强设备的运行状态在线监测、定期计划性检维修和维护保养，建立设备运维和维修保养机制、巡检制度和润滑油管理制度，定期检查和维护设备，确保设备安全可靠运行。此外，要建立数据监测系统，对项目运行数据进行实时监测和分析，及时发现问题并采取解决措施。

（4）环境保护。

高含硫气藏地面建设项目会产生大量废水、废气和固体废物，对环境会造成一定的影响。因此，项目组织应制定详细的环保措施和方案，在项目实施中严格遵守环保法律法规和标准，采取有效的环保措施，减少污染排放，降低项目对环境的影响。

（5）持续改进。

项目组织应始终关注项目运行的效率和质量，不断优化项目管理和运行模式，采取有效措施提高工作效率和质量，降低成本，提高项目的经济效益和社会效益。同时也应加强项目管理的学习和培训，引入先进管理理念和技术，不断提高项目管理水平。

综上所述，在项目组织管理中，应该明确责任分工、统筹协调，建立科学的决策和管理机制；在项目实施管理中，要加强安全生产和环境保护意识，采取先进的工艺技术和设备，确保项目安全、高效、环保；在项目后期管理，要做好设备运维、数据监测、漏损控制等工作，持续改进和优化项目管理，确保项目长期稳定运行。

2.高含硫气藏地面工程设计理念

高含硫气藏地面工程设计理念，包括设计依据、安全设计理念、材料腐蚀要求、方案优化等，详见本书第三章。高含硫气藏地面工程设计的理念可以总结为"安全第一、科学规划、全面预防、精细管理"。

（1）安全第一。

安全第一是指在高含硫气藏地面工程设计中，安全问题应是最优先考虑的因素。对于高含硫气藏来说，气体含硫量高，气体压力高，气体毒性高，气体易燃易爆，存在较高的安全风险。因此，必须在工程设计中采取科学的措施确保安全，例如采用高标准的安全设备和工艺、制定严格的安全操作规程、设立安全预警机制、加强现场安全监测等。只有确保了人员的安全，才能保证工程的顺利实施和运行。

（2）科学规划。

科学规划是指在高含硫气藏地面工程设计中，需要充分考虑环境保护和资源利用等因素，制定科学合理的规划方案。包括场址选择、生产井和注水井的布置、气体处理设备的选型和布局等。规划方案应充分考虑地质、水文、气象等多种因素，确保工程实施后能够最大限度地发挥资源利用效益，同时减少对环境的影响。

（3）全面预防。

全面预防是指在高含硫气藏地面工程设计中，针对高含硫气藏的特点和风险，采取全面预防措施，确保工程运行平稳。这包括建立完善的设备检查制度、定期进行设备维护和更新、定期检查和更换润滑油脂、建立应急预案，制定危险化学品泄漏应急措施等。此外，还需要加强现场监测，及时发现和解决问题。

（4）精细管理。

精细管理是指在高含硫气藏地面工程设计中，需要进行精细管理，保证设备设施的正常运行以及工程的持续稳定运行。这包括建立健全的运行管理制度、实施预防性维修保养和计划性检修，确保设备运转状态良好。同时，还需要加强对工程设备的检查和运行状态监测，及时发现和处理设备问题。

综上所述，高含硫气藏地面工程设计理念需要充分考虑设计依据、材料腐蚀要求等，践行"安全第一、科学规划、全面预防、精细管理"理念，确保工程的顺利实施和运行。

3.高含硫气藏地面工程物资管理

高含硫气藏地面工程物资管理，包括材料质量管控管理、采购流程管控管理、物资管理体系等，详见本书第四章。

(1)材料质量管控管理。

高含硫气藏地面工程材料质量管控管理是指通过科学的管理手段,对高含硫气藏地面工程所使用的材料进行质量监控,确保材料质量符合要求,从而提高地面工程建设的安全性、可靠性和经济效益。高含硫气藏地面工程存在着复杂的地质和环境条件,因此,对材料的质量管控十分重要。这需要建立完善的材料质量管控体系,包括从材料选型、采购、制造过程质量管控、出厂测试验收、运输、施工现场入库验收、使用到保管等全过程的质量控制,以确保工程建设过程中材料的品质稳定和安全性。

(2)采购流程管控管理。

高含硫气藏地面工程采购流程管控管理的总体目标是确保采购过程的透明、公开、公正、高效,同时确保采购的质量、安全和合规性。该过程涉及多个环节,包括采购需求分析、技术规格书和数据单的编制、采购计划制定、供应商选择、商务和技术评标、采购合同(包括技术协议)签订、采购执行和验收等。

(3)完善物资管理体系。

物资管理体系通常包括以下几个方面:物资采购、物资储存、物资配送、物资使用和废弃物处理。

4.高含硫气藏地面建设工程施工管理

高含硫气藏地面工程施工管理需要从施工组织、施工质量控制、施工安全管理、施工环境保护等多个方面进行全面考虑和落实,详见本书第五章。

(1)施工组织。

施工组织方面,需要制定合理的施工方案和施工流程,包括地面设施的建设、设备的安装、管道的铺设等工作。同时,需要对施工现场进行合理规划和布局,安排好施工人员和设备的使用,确保施工进度和质量。此外,要根据气藏地质条件、环保要求、安全风险等因素进行科学调整和优化,确保施工过程的高效和质量。

(2)施工质量控制。

在施工质量控制方面,要严格按照国家相关标准和规定,编制项目质量计划,规范质量管理体系,建立完善的施工质量控制制度和标准,落实好各项工程质量控制措施。同时,要加强对材料和设备的管理,对施工过程中的材料、设备和施工质量进行全面检查和监测,确保地面工程的施工质量符合要求。

(3)施工安全管理。

在施工安全管理方面,需要落实好安全生产法律法规和标准,制定科学合理的安全管理制度及落实严格的施工安全管理措施,加强施工现场人员的安全培训和管理,提高安全意识和技能水平，确保施工过程中人员的安全和设备的正常运行。

（4）施工环境保护。

在施工环境保护方面，需要制定完善的环保方案和措施，对施工过程中的噪声、废水、废气等进行全面控制和治理，确保施工过程中不对环境造成负面影响，保护好周边的生态环境。

总之，高含硫气藏地面工程施工管理需要在规划、设计、施工和管理等方面进行全面考虑，采取科学的管理措施和技术手段，确保施工过程的安全、高效和质量。同时，还需要不断完善管理机制和加强监督力度，确保施工过程的规范和标准化，为气藏开发和利用提供可靠的技术和保障。

5. 高含硫气藏地面工程调试及试运行管理

高含硫气藏地面工程调试及试运行管理是一个非常复杂的过程，需要做好各个环节的工作，确保开采过程的安全和高效。高含硫气藏地面工程调试及试运行管理，包括调试及试运行工作流程体系、清洗及泄漏试验管理、系统吹扫试压管理、调试及试运行紧急事件预防方案等，详见本书第六章。

（1）调试及试运行工作流程体系。

调试及试运行工作流程体系。调试及试运行工作需要有一个详细的部署计划，包括设备调试、安全措施、操作规程、数据采集、维护保养和环境保护等方面的工作。在整个调试及试运行过程中，需要根据这个部署计划有序、规范地工作，确保各个环节的工作顺利完成。

（2）清洗及泄漏试验管理。

在调试及试运行过程中，法兰管理、清洗和泄漏试验是必要的环节。需要根据法兰管理要求、设备清洗标准和泄漏试验标准进行操作，并对试验数据进行分析和评估，确保设备运行的安全性和稳定性。

（3）吹扫试压管理。

确保在整个施工过程中管线、各类储罐和阀门在试压前、试压时、试压后吹洗和系统复位的检查，以达到管线、储罐和阀门试压的正确性。对于操作介质为有毒有害、易燃易爆气体的设备和管道的法兰密封面还应进行氦氮测试，确保其密封性能。

（4）调试及试运行紧急事件预防方案。

在调试及试运行过程中，难免会遇到一些紧急事件，需要有详细的预防方案来应对。预防方案应包括预测、预警、应急处置等方面的工作，以及组织应急演练、定期检查等措施，确保在紧急情况下能够快速、有效地处理问题，最大限度地减少事故损失。

综上所述，高含硫气藏地面工程调试及试运行管理需要做好调试及试运行工作流程体系、清洗及泄漏试验管理、吹扫试压管理、调试及试运行紧急事件预防方案等方面的工作。只有在这些方面做好工作，才能够确保气藏开采的安全、高效和稳定。上述5个方面关键技术是保障高含硫天然气藏安全、稳定、高效、环保开发，提高经济效益的重要举措。

二、高含硫气藏地面建设管理技术难点

高含硫气藏地面建设管理涉及复杂的技术难点，需要针对性的解决。下面从以下几个方面进行详细总结。

1. 高含硫气藏地面工程设计

高含硫气藏的地面工程设计，需要考虑硫化氢的危险性、腐蚀性、毒性等，选择合适的设备类型、材料、工艺、防护等，保证工程的安全和可靠。在设备选择方面，需要选择耐腐蚀、抗压性能好的设备，并在制造过程中对设备进行严格的审查、检验和测试。在气体处理过程中要考虑到硫化氢和二氧化碳对设备和管道的腐蚀性，采用合适的防腐措施，如使用耐酸碱材料、复合材料、喷涂防腐涂料等。在工艺选择方面，要充分考虑气体处理的工艺流程，选择合适的气体处理方式，以降低硫化氢含量，同时尽可能地回收和利用资源，确保对环境的影响最小化。在防护措施方面，要制定严格的安全管理规范和操作规程，对操作人员进行培训和教育，预防事故的发生。在选址方面，需现场勘察地貌地势，需查阅当地的气象资料，考虑主风向和次主风向，以及风力的大小，在装置发生泄漏、尾气烟囱排放尾气、高低压火炬放空时，能快速扩散和稀释大气中的有毒、有害气体。

高含硫气藏地面工程设计还需要考虑项目线路选择、处理厂地址选择、工艺方案选择、材料选择、工艺安全风险控制、腐蚀控制、水合物和硫沉积的控制、焊接工艺选择、无损检测方案选择、关键设备选择、有毒和易燃气体泄漏监测等，需要根据总图运输相关标准和对国内高含硫项目建设的情况进行调研后，确定以上相关技术在高含硫项目中实施的具体措施。

高含硫气藏的地面工程设计阶段，还需要考虑系统控制、泄漏监测、缓蚀剂加注、应急措施等，为后续系统安全、稳定、长期、满负荷、优化的运行奠定基础，同时还要考虑设备/设施的可靠性、安全性。

2. 高含硫气藏地面工程施工

高含硫气藏的地面工程施工，需要严格执行施工规范、质量标准、安全措施、环保要求等，保证施工的质量和效率。在施工规范方面，需要遵循相关的施工规范和标准，制定详细的施工方案和施工工序，并进行施工前的认真准备和现场调查，以确保施工的顺利进

行。在质量标准方面，需要严格把关施工过程中的每一个环节，确保施工质量符合规范和标准。同时，需要进行严格的质量控制和检验，及时发现并纠正问题，确保施工质量的稳定和可靠。在安全措施方面，需要制定详细的安全管理制度和操作规程，对施工现场进行安全评估和风险控制。在环保方面，需要充分考虑环保要求，采取合适的措施，减少对环境的影响。

3. 高含硫气藏地面工程运行

高含硫气藏的地面工程运行，需要优化运行参数、监控运行状态、检测运行环境、维护运行设备等，保证运行的安全和高效。在优化运行参数方面，需要对气藏特性和生产情况进行充分了解，调整工艺参数和生产方案，提高生产效率和产量。同时，还需要考虑到硫化氢等有害气体的特性，确保运行参数符合安全要求。在监控运行状态方面，需要安装相应的监测设备，监测气藏产量、质量和压力等参数，及时发现异常情况，并进行相应的调整和处理。同时，还需要对设备的运行状态进行监测，及时发现设备的故障和缺陷，并进行维修和零部件更换，以确保设备的正常运行。在检测运行环境方面，需要对环境进行实时监测，及时发现有害气体等物质的超标情况，并采取相应的措施进行处理。在维护运行设备方面，需要进行定期维护和保养，及时发现设备的故障和缺陷，并进行维修和更换，以确保设备的正常运行和延长设备的使用寿命。

4. 高含硫气藏地面工程改造

高含硫气藏的地面工程改造，需要制定改造方案、评价改造技术、实施改造施工、评估改造效果等，保证改造的合理和有效。在制定改造方案方面，需要充分了解工程现状和改造目的，制定合理的改造方案，并进行风险评估和效果评估。在评价改造技术方面，需要考虑到高含硫气藏的特殊性质，选择适合的改造技术方案，并进行相关的技术评价和安全评估。在实施改造施工方面，需要严格遵守施工规范和质量标准，采取必要的安全措施，确保改造工程的安全和高效。同时，在施工过程中还需要监测气藏状态和环境变化，及时发现问题并采取相应的措施加以解决。在评估改造效果方面，需要对改造工程进行全面的评估和检测，评估改造效果是否达到预期目标，并及时处理改造后出现的问题和隐患。

参考文献

[1] 中国石油学会质量可靠性专业委员会. 石油工程质量可靠性研究与应用 [M]. 北京：石油工业出版社，1996.

[2] 黄桢，李鸿，邓波，等.高含硫气藏安全高效开发实践：中坝雷三高含硫凝析气藏开发纪实[M].重庆：重庆大学出版社，2013.

[3] 李童，马永生，曾大乾，等.高含硫气藏地层硫沉积研究进展及展望[J].断块油气田，2022，29（4）：433–440.

[4] 邹碧海.天然气采输作业硫化氢防护[M].重庆：重庆大学出版社，2013.

[5] 贾爱林.中国不同类型天然气藏开发规律与技术政策[M].北京：科学出版社，2017.

[6] 曾平.高含硫气藏元素硫沉积预测及应用研究[D].南充：西南石油学院，2004.

[7] 杜志敏，郭肖，熊建嘉，等.酸性气田开发[M].北京：石油工业出版社，2016.

[8] Research progress of elemental sulfur deposition in high sulfur gas fields[J].Chemical Engineering of Oil & Gas / Shi You Yu Tian Ran Qi Hua Gong, 2022, 51（1）：78–85.

[9] 张建，孟庆华，安文鹏，等.中国高含硫天然气集输与处理技术进展[J].油气储运，2022，41（6）：657–666.

第二章　高含硫气藏地面建设项目组织管理

高含硫气藏地面建设项目组织管理是指在高含硫气藏地面建设项目实施中，通过对项目各个阶段进行科学规划、组织实施、协调管理，最终实现高效、安全、环保、可持续的开发利用的过程。该过程包括前期规划、开发方案的编制、工程设计（初步设计和施工图设计）、采购招标、施工安装、装置调试和试运行、项目竣工验收等环节的全面协调管理，并针对含硫气藏的特点，制定合理的工艺流程、安全保障措施、环保控制策略等，以确保项目在安全、经济、环保等方面达到预期目标。此外，高含硫气藏地面建设项目的组织机构设置比国内一般项目更完善、岗位设置更合理、工艺方案选择论证更充分、无损检测要求更严格、设计管理更细致和严格、文控管理更规范、物资采购和物资制造质量控制更严格和细致（不仅有第三方监造——BV公司，还聘请有经验的专家驻厂对制造厂、第三方监造人员的履职情况进行监督）、现场施工质量控制更加严格（除第三方监理外，还聘请BV、Jacbos等有经验的专家对施工过程进行审查、见证和巡视等）、聘请了德印仕途的专家对施工现场进行严格的法兰管（法兰密封面粗糙度检查、检测紧固螺栓的扭矩、水压试验和氦氮泄漏检测），线路泄漏检测同时采用了7种技术等看，还需要关注风险管理、人力资源管理、质量控制、成本控制等方面的问题，从而全面保障项目的成功实施。

第一节　高含硫气藏地面建设工程环节

高含硫气藏地面建设工程是指在高含硫气藏的开发过程中，为了实现天然气的有效利用和环境保护，而进行的一系列地面设施的建设、运行和评价活动。

高含硫气藏地面建设工程环节可分为4个部分，即工程设计、工程施工、工程运行、工程评价。

（1）工程设计。工程设计是指根据气藏特征、开发规模、环境要求等，制定合理的工程方案，选择适用的工艺技术、设备和材料。

（2）工程施工。工程施工是指按照设计要求，进行土建、机械、电气、仪表等各专业的施工，保证工程质量和安全。

（3）工程运行。工程运行是指对天然气净化厂、场站、输气管线等进行运行管理和维护，保证产品气的质量和数量，同时处理好废水、废气等环保问题。

（4）工程评价。工程评价是指对工程的效果、效益、风险等进行评价，总结经验教训，提出改进措施。

第二节 高含硫气藏地面建设总部署方案

高含硫气藏地面建设施工总部署方案编制的依据是公司相关批复文件，编制的目的是指导工程项目的工期、质量、投资、HSE 管理，编制的原则是结合工程实际情况，按照《重点地面工程建设项目部工程项目总体部署编制办法》等相关管理制度的要求编制本总体部署，对项目管理机构、勘察设计、物资采购、工程监理、施工、生产准备、试运投产、竣工验收、资金筹措等各项工作统筹考虑，做出部署安排。

高含硫气藏地面建设施工总部署方案有以下几方面作用：

（1）指导工程建设；

（2）指导施工单位编制施工设计；

（3）在确保质量安全环保的前提下高效推动工程的建设；

（4）按照既定目标完成工程建设任务。

一、总论

1. 工程概况

高含硫气藏地面建设项目工程概况，包括地面建设施工的建设依据、建设目的和意义、工程现场气象条件、水文地质、水电来源、交通运输、社会依托等现场条件、环境影响及保护、工程建设主要内容及工程建设特点等方面内容。

（1）建设依据。

介绍高含硫气藏地面建设项目工程所参照的相关依据，如公司关于项目建设的批复文件。

（2）建设目的意义。

阐述高含硫气藏地面建设项目的建设目的和意义。

（3）工程现场条件。

说明高含硫气藏地面建设项目工程的地理位置、气象条件、水文地质、水电来源、交通运输、社会依托等方面条件。

（4）环境影响及保护。

介绍高含硫气藏地面建设项目中的主要污染源和污染程度、环境管理和环境监测、环境污染防治措施等内容。

（5）工程建设内容。

阐述高含硫气藏地面建设项目工程建设主要内容、主要实物工程量、技术经济考核指标等。

（6）工程建设特点。

说明高含硫气藏地面建设项目工程特点。

2. 指导思想及管理目标

（1）工程指导思想。

介绍高含硫气藏地面建设项目工程建设的参照依据，如基本建设程序和有关规定及要求，阐述工程指导思想。

（2）工程建设管理目标。

介绍高含硫气藏地面建设项目工程的工期目标、质量目标、投资目标、HSE管理目标等。

3. 项目管理机构

（1）项目管理机构资质。

明确高含硫气藏地面建设项目管理机构资质。

（2）项目管理机构组织形式。

明确高含硫气藏地面建设项目的项目管理机构组织形式，各部门情况。

（3）项目管理机构职责划分。

明确高含硫气藏地面建设项目的项目经理、项目副经理、技术负责人、项目组成员的岗位职责和HSE职责。

（4）项目管理机构目标管理。

明确高含硫气藏地面建设项目项目管理机构的管理目标。

4. 工期管理

（1）工期安排原则。

明确高含硫气藏地面建设项目工期总体安排，编制工期计划，保障工期总体目标如期完成。

（2）有关部门意见。

办理与地方政府部门有关手续的安排意见，包括劳动、安全、消防、环保、工业卫生、技术监督、海关等。

（3）保证工期措施。

制定保证高含硫气藏地面建设项目工期的措施，可从加强工程建设项目部内部管理、强化施工图设计管理、加强施工组织策划、强化监理履职管理、保障物资供应及时准确、加强检测组织工作等展开。

5. 质量管理

（1）工程质量目标及保证体系。

明确高含硫气藏地面建设项目工程质量计划和目标及保证体系。从设计、采购、施工、调试等方面制定工程质量计划和目标，严格参照相关条例和公司细则建立质量保证体系，全面实行项目管理，严把物资采购质量，严把施工方案审查及施工质量监督，有效保证工程的质量。

（2）质量控制措施。

按照质量第一的原则，实现高含硫气藏地面建设项目工程全面质量管理，严格落实工程质量计划和目标。按照质量保证体系的要求，应从项目管理的思想保证、行政管理保证、质量管理保证、技术保证、物资采购质量保证、施工保证、经济保证等方面建立质量保证体系，确保体系的正常运行。

6. 投资管理

严格控制投资，因地制宜，根据高含硫气藏地面建设项目工程特点，采用适合的投资控制模式及投资控制措施，严格变更和签证管理，工程投资控制在概算批复范围内。

7. 安全管理

从设计阶段、施工建设阶段及投产试运行阶段分别采取合理的安全管理措施，将安全管理理念贯穿于高含硫气藏地面建设工程的全生命周期，确保高含硫气藏地面建设工程项目安全。

8. 外部条件

项目部员工需充分具备"铁人""工匠"挑战精神，积极发挥主观能动性。上级主管部门及地方政府需大力支持、协同。

此部分包含以下几点内容：

（1）明确高含硫气藏地面建设项目的开发方案、初步设计、施工图设计的负责单位；

（2）明确公司关于高含硫气藏地面建设项目的可研报告批复情况，以及说明主要批复内容；

（3）明确公司关于高含硫气藏地面建设项目的初步设计审批情况，以及说明与可研报告的重大变化情况；

（4）明确高含硫气藏地面建设项目的设计特点，如设计理念、指导思想等；

（5）明确高含硫气藏地面建设项目的施工图设计及审查工作进度安排；

（6）明确施工图设计质量控制措施。

二、设计管理

此部分包含以下几点内容：
（1）设计方案质量管理；
（2）设计方案进度管理；
（3）设计方案控制措施；
（4）基础数据资料管理；
（5）初审、会审、现场服务管理；
（6）技术谈判、设计合同管理；
（7）设计投资管理；
（8）设计变更管理；
（9）设计过程的质量审查和控制。

三、物资采购管理

为了规范高含硫气藏项目物资采购包的质量管理和控制，物资采购管理资采程序主要包括以下内容。

1. 编写公司质量手册

利用原高含硫气藏项目的质量手册，根据目前项目已转入生产运营阶段的实际情况进行修改。

2. 编写公司质量计划

利用原高含硫气藏项目的质量计划，根据目前项目已转入生产运营阶段的实际情况和组织结构进行修改。

3. 编制供应商资格认证程序

利用原高含硫气藏项目的供应商资格认证程序进行修改，建立新推荐供应商的资质审查、问卷调查、现场评估和财务资质审查制度和流程，向公司推荐审查认证合格的新供应商。

4. 建立公司批准供应商清单（AVL）

对新推荐供应商按照程序进行严格的问卷调查、质量体系审查、资格预审、制造厂现场评审，并对其财务方面的情况进行审查，公司管理层对供应商的资质审查进行审批，推荐合格的新供应商。

5. 编制物资采购包重要性等级评估程序

利用原高含硫气藏项目的重要性等级评估报告进行修改，将采购包的重要性等级分为 1～4 级，相应检验等级也分为 1～4 级。

6. 修改和编写公司的 QA 代码

利用原高含硫气藏项目的 SDRL（供应商文件要求清单）修改和编写公司的 QA 代码，使 QA 代码能覆盖高含硫气田的机、电、仪专业的技术和质量要求的 QA 代码，针对不同专业和类型的采购包，可在表格中选择需执行的 QA 代码。

7. 评估物资采购包的重要性等级和检验等级

按照采购包重要性等级评估程序对采购包的重要性等级进行评级，并根据采购包物资的安全危害性、流体特性、操作特性、维修/替换的可操作性、设计的可靠完整性及制造/安装的复杂程度等方面进行分级计算，同时根据物资采购包的重要性等级，执行相应的检验等级和检验要求。

8. 修改和完善供应商文件要求清单（SDRL）

利用原高含硫气藏项目的供应商文件要求清单（SDRL）进行修改和完善，制定公司的供应商文件要求清单。

9. 物资采购包的采办策略的选择

为了保证采购物资的质量和供货周期，需求单位宜在提交物资采购申请计划前与供应链协商拟采用的采办策略，并根据采购包的重要性等级执行相应的检验等级。

10. 设计文件和供应商质证文件的审查

需求单位、设施工程中心、检维修中心、净化厂/采气中心站、自动化技术中心、HSE 管理中心的专业工程师应对设计文件进行交叉审查，需求单位专业工程师和设施工程中心的质量工程师对供应商在制造过程中提交的文件进行审查，建立 CODE 文件审批程序：CODE1 为接受；CODE2 为接受但需要部分修改；CODE3 为不接受，需修改重新提交；CODE4 为拒绝接受文件。

11. 提交物资采购申请计划和技术文件

需求单位按照高含硫气藏项目招标管理实施细则的要求审查和准备采购所需的技术文件后，在物资采办系统提交物资采购申请计划，同时提交相关的用于招标、商务和技术评标的技术文件，如：技术规格书、供货范围、数据单、执行的QA代码、制造图、P&ID图、评标细则、与采购包紧密相关的专业通用技术规格书、安全设计（SID）等。对于撬装设备的供货范围，应在P&ID图中用云线明确标识出。

12. 选择合格供应商

除了公开招标外，为了选择满足质量、安全、技术和效益要求的供应商，供应链首先在公司内部评定合格的供应商清单（AVL）中选择，然后在合格供应商目录中选择，最后在中国石油集团公司的合格供应商目录中选择。选商的顺序为首选制造厂，其次是代理商，最后选择商贸公司。在中国石油集团公司和西南油气田分公司合格供应商目录中首选甲级供应商。

13. 投标前潜在供应商的技术和商务澄清

潜在供应商在获得公司招标文件后，在规定的提交投标文件的截止日期前，可以以RFI（Request for Information）书面形式进行商务和技术澄清，招标组织方应以RFI书面形式将公司或设计单位专业工程师和商务人员对任何一家潜在供应商提交的澄清项的回复意见发给全部参与投标的供应商，让每一家供应商明白这些澄清的商务或技术条款是否有修改，是否提高或降低了要求，做到公平、公正。

14. 物资材料的招投标和评标

公司物资采购可采用一揽子采购（BPA）、公开招标、竞争性谈判、询价采购、单一来源采购、简易采购流程、紧急采购几种方式，同时对物资材料的招投标和商务/技术评标都要做详细的规定和要求，供应链采办代表应按照公司和国家的法律法规和规定，严格执行采购管理程序的具体流程、规定和要求。

15. 采购合同的签订

在与授标投标商签订采购商务合同时，对于有采购技术规格书、数据单、P&ID图、制造图、供货范围框图等技术文件的采购包应签订技术协议，同时将制造图、数据单、QA代码、P&ID图及在图上框定的供货范围、原项目技术规格书、SID、采购包的特殊技术要求等纳入合同附件。

16. 选择确定采购包的检验方式

为了在制造过程中严格管控采购包质量，质量工程师和专业工程师一起根据西南油气田分公司物资采购部的相关规定、物资采购包的重要性等级和检验等级评估结果确定采购包的检验方式：（1）工厂全程监造；（2）工厂验收测试（FAT）；（3）现场验收测试（SAT）；（4）发运前检查（PSI）；（5）只进行现场入库验收。

17. 制造过程的质量管控

（1）开工会前要求提交审查的文件；

（2）召开开工会；

（3）制造前的开工预检会；

（4）专业工程师和第三方检验员审查制造过程的相关文件，见证相关测试；

（5）成套设备出厂前在工厂的性能验收测试；

（6）对于结构和性能简单的设备和材料进行发运前的检验；

（7）成套设备在现场的验收测试；

（8）设备和材料发运前包装验收和签发放行单。

18. 设备和材料的运输

对于国内采购的设备/材料，宜在合同中明确规定由供应商负责将物资包装和运输到指定地点，除了在工厂的测试和验收外，当物资运抵施工现场或库房应及时进行入库验收交货，运输过程中的物资遗失、损坏等由供应商负责。对于进口物资，则宜由有资质和运输车辆的专业运输或物流公司负责运输。

19. 设备和材料的入库验收

当设备/材料运抵施工现场或库房后，第三方监理公司的工程师、需求单位专业工程师、质量工程师和库房管理人员进行入库前的质量验收。对入库设备、材料的数量、质证文件等进行清点，审查和验收，检查外观质量和主要安装尺寸，并按照物资入库验收的相关规定进行相关的测试验证。

对于验收合格的产品出具合格产品通知单，对于验收不合格的产品进行标识和隔离，并出具不合格产品报告（UOSD报告：不合格、过期、缺件、损坏报告），将发现的问题及时反馈到供应链，以便采购联系供应商换货、补货、整改或索赔。

供应链针对入库验收不合格的物资材料建立供应商的供货质量信息台账，并纳入供应商年度考核和评估。

四、施工管理

施工管理负责管理所有施工地点和附属工地的工作按照质量计划要求开展施工。包括但可能不限于：

（1）根据项目总体部署或建设项目管理计划，按照设计和健康环境与安全要求开展施工工作；

（2）向监理、检测单位提供日常指导和支持，确保其开展的质量控制检查和检验工作符合国家规定要求；

（3）向承包商、供应商及其服务人员提供指导，并对承包商和供应商遵循质量计划和/或其各自的质量计划、程序进行监管；

（4）管理机械完工工作，确保符合既定设计标准和本质量计划；

（5）编制执行本质量计划可能需要的其他工作程序；

（6）对有关质量和项目合规性的施工程序进行审批；

（7）保证所有责任方对要求的与质量相关的文件进行编写、控制和管理；

（8）定期召开会议，讨论和解决质量问题；

（9）对承包商不合格的情况进行协调、评估，采取必要的措施，及时解决。

五、生产准备及试运投产

高含硫气藏地面建设项目的生产准备和试运投产是确保项目成功实施的关键方面。以下是这些阶段的主要考虑事项。

1. 生产准备

（1）工程设计评审。

进行工程设计的全面评审，确保设计符合规范和安全标准，特别是对抗硫化氢的安全性能。

（2）采购和供应链管理。

制定采购计划，确保所需材料和设备按时到位。管理供应链，以减少潜在的延误和风险。

（3）施工计划。

制定详细的施工计划，确保工程按时、按质完成。

（4）安全准备。

确保工作人员具备应对高含硫气体的应急准备和培训。

2. 试运投产

（1）试运前检查。

进行设备和系统的全面检查，确保一切就绪。确保所有安全和环保措施已经实施。

（2）试运行计划。

制定详细的试运行计划，包括设备启动和停机程序。进行模拟测试，以验证系统的运行和响应性。

（3）性能监测。

建立监测系统，跟踪设备和系统的性能。在试运行期间收集数据，用于后续优化和改进。

（4）培训和文件。

提供操作人员的培训，确保他们能够熟练操作设备。编制操作手册和维护文档，以支持项目的正常运行。

（5）安全审查。

进行试运行期间的安全审查，确保所有操作都符合安全标准。

六、竣工验收

竣工验收是项目生命周期的最后阶段，涉及对整个项目的最终评估和确认。以下为这个阶段的组织管理方面的主要考虑事项。

1. 项目团队和组织结构

（1）团队评估。

对项目团队进行评估，确保其仍然能够有效协作并完成项目。

（2）解散计划。

指定团队解散计划，明确各成员的后续任务和责任。

2. 文件和数据管理

（1）文件整理。

对项目文件进行整理，确保所有相关文档齐全、有序。

（2）知识管理。

将项目期间积累的知识和经验进行归档，以备将来参考。

3. 报告和沟通

（1）竣工报告。

撰写竣工报告，详细描述项目的完成情况、成果和经验教训。

（2）沟通计划。

制定清晰的沟通计划，确保项目成果和经验被传达给相关利益方。

4. 财务管理

（1）成本分析。

进行最终的成本分析，确保项目的最终成本符合预算。

（2）合同结算。

完成与承包商和供应商的最终结算，确保财务事务的圆满落地。

5. 安全和环保

（1）最终安全审查。

进行最终的安全审查，确保在整个项目期间未发生严重事故。

（2）环保遵从。

确保项目的环保活动符合相关法规和标准。

6. 培训和知识转移

（1）培训计划。

提供最后一轮培训，确保最终用户了解并能够操作新设备或系统。

（2）知识转移。

将项目期间获得的专业知识和经验传递给相关人员。

7. 竣工验收和验收报告

（1）验收程序。

制定清晰的竣工验收程序，确保项目交付符合预期的质量和性能标准。

（2）验收报告。

撰写详细的验收报告，包括对项目交付物的全面评估和结论。

8. 项目总结和经验教训

（1）总结会议。

召开项目总结会议，回顾整个项目的经验和教训。

（2）持续改进。

识别并记录项目中的成功经验和改进建议，以供将来的项目学习和应用。

9. 清理和整理

（1）设备清理。

对项目现场的设备和设施进行清理和整理。

（2）档案管理。

将所有项目相关文件和数据妥善存档，以备将来审查和检查。

七、建设资金管理

高含硫气藏地面建设项目的资金管理是确保项目按计划进行并达到预期目标的关键方面。以下是在这方面需要考虑和实施的一些关键策略：

1. 预算规划和控制

制定详细的项目预算，包括建设成本、运营成本、人力资源成本等。进行定期的预算审查和调整，以确保资金使用符合计划。

2. 风险评估和管理

进行资金风险评估，考虑通货膨胀、汇率波动和其他不确定因素。制定风险应对计划，包括储备资金以应对可能的额外成本。

3. 资金来源多样化

确保项目资金来源的多样性，包括贷款、投资、合作伙伴资金等。减轻资金来源单一性可能带来的风险。

4. 项目阶段性资金释放

制定项目资金释放计划，根据项目的不同阶段释放资金。确保每个阶段都有足够的资金支持，避免项目延误。

5. 财务报告和透明度

定期生成财务报告，追踪和记录项目的资金流动。保持透明度，让相关利益相关方了解项目的财务状况。

6. 成本控制和效率提升

实施有效的成本控制措施，包括采用新技术、提高工作效率等。寻求降低建设和运营成本的机会，确保最佳的资金利用率。

7. 监督和审计

设立专门的资金管理团队，监督项目的所有财务活动。进行定期的内部和外部审计，确保项目资金的合规性和透明度。

8. 支付管理和供应商合同

管理与供应商的合同，确保按照约定支付，并与供应商保持良好的关系。遵循合同管理最佳实践，以防止额外成本的发生。

9. 资金汇报和投资考虑

评估项目的资金回报率（ROI），确保项目能够产生可持续的经济效益。考虑投资者的期望，制定资金管理策略以满足其利益。

10. 灵活性和调整

保持对市场和行业变化的敏感性，随时调整资金管理策略。制定应对不同情景的灵活计划，以便在需要时做出调整。

综合考虑这些因素，高含硫气藏地面建设项目可以更好地管理资金，确保项目的可持续性和成功实施。定期的监督和调整是资金管理的重要组成部分，以适应变化的市场和项目条件。

第三节　高含硫气藏地面建设项目组织管理方案

一、项目组织管理定义

（1）建设工程项目。

为完成依法立项的新建、扩建、改建工程而进行的、有起止日期的、达到规定要求的一组互相关联的受控活动，包括策划、勘察、设计、采购、施工、试运行、竣工验收和考核评价等阶段。简称为项目。

（2）建设工程项目管理。

运用系统的理论和方法，对建设工程项目进行的计划、组织、指挥、协调和控制等专业化活动。简称为项目管理。

（3）组织。

为实现其目标而具有职责、权限和关系等自身职能的个人或群体。

（4）项目管理机构。

根据组织授权，直接实施项目管理的单位。可以是项目管理公司、项目部、工程监理部等。

二、项目规划

（1）项目目标。

明确项目的整体目标和期望结果，特别关注处理高含硫气体的技术和环境要求。

（2）项目范围。

定义项目的边界，包括地面建设的具体要求、涉及的技术和设备等。

（3）项目任务和可交付的成果。

具体列出项目的关键任务和各阶段的可交付成果，确保每个阶段都有清晰的目标。

三、机构设置

（1）岗位设置。

高含硫气藏地面建设项目的岗位设置可根据项目规模和复杂性进行设置，一般有以下岗位：HSE总监及副总监、工程师、各部门部长等。

（2）部门设置。

高含硫气藏地面建设项目的部门设置通常根据项目所需的专业技能不同进行设置，一般有以下部门：综合计财与合规管理部、净化工程部、集输工程部、QHSE管理与投产试运部、对外协调部。

四、岗位职责

1. 岗位主要职责

HSE总监：负责项目前期设计、项目评价、内外输工程、QHSE管理、标准化建设、培训管理、项目土地管理与对外协调。

HSE副总监：协助分管领导做好项目全过程的QHSE管理及投产试运行期间的生产组织工作。

副总工程师：协助分管领导做好项目内外输工程及生活公寓实施的质量、HSE、进度、投资、合规合法和风险控制管理工作。负责集输工程部的全面工作，负责业务范围内的HSE管理工作。协助分管领导做好净化厂工程施工组织工作。

2. 岗位职责

HSE总监：贯彻执行党和国家各项路线、方针、政策和分公司的决策部署。负责项目QHSE管理工作，组织编制QHSE相关管理制度，并组织制度落实情况的监督检查。负责内外输工程、生活公寓的设计、采购、施工、检测等建设过程监督管理。负责项目对外关系协调工作，组织地方关系协调、项目建设的土地管理、地方手续办理等工作。负责项目的数字化建设管理。负责召集主持分管工作会议。协助处理项目部重大突发事件。

HSE副总监：贯彻执行党和国家有关路线方针、法律法规、标准规范和上级的规章制度、指示决定。协助HSE总监开展专项评价、QHSE体系建设、承包商管理及事故应急救援等工作。参与开发方案、初步设计、施工图设计审查，督促质量、健康、安全、环保相关标准、规范在工程建设过程中的贯彻执行，对存在的问题提出改进意见。运用安全观察与沟通等QHSE工具方法，及时报告各类事故、事件并提出处理建议。协助HSE总监开展脱水站、单井及管线投产前的机构组建、人员组织、员工培训和物资准备工作。协助HSE总监开展脱水站、单井及管线投产试运方案的编制，组织开展"三查四定"[1]和启动前安全

---

[1] "三查四定"由建设单位或总承包单位组织设计、生产和施工单位开展"三查四定"工作。"三查"指查设计漏项、查未完成工程、查工程质量隐患。"四定"指对查出的问题，定任务、定人员、定时间、定措施。

检查工作。协助 HSE 总监处理质量、健康、安全、环保等日常事务。

副总工程师：贯彻执行党和国家有关路线方针、法律法规、标准规范和上级的规章制度。协助分管领导开展净化厂工程管理工作，组织编制工程项目安全、环保、质量、工期、投资等各项目标计划和总体部署。参与工程项目初步设计审查工作，负责督促按初步设计批复开展施工图设计工作，参与施工图设计审查和设计变更管理工作。负责组织工程项目进度计划制定、实施和控制。负责组织施工图设计交底、施工技术交底等专项技术交底工作。负责组织各类施工技术方案审查，负责协调解决工程施工过程中出现的问题。参与完工交接，配合投产试运工作。参与工程结算、决算审计工作。负责组织工程项目有关技术、质量、标准化管理业务培训。负责对涉及的新规范、新标准的宣贯和培训；负责对工程项目中新工艺、新技术、新设备、新材料的推广应用。负责业务范围内的健康、安全、环保、队伍建设和廉政建设，人员培训，信息保密和资料归档工作。

3. HSE 职责

HSE 总监：负责工程项目 QHSE 管理，是工程质量、健康、安全、环保管理的监督管理责任人。贯彻执行国家质量、健康、安全、环保方面的法律法规、方针、政策和上级各项管理要求，协助项目经理建立健全项目安全生产责任制等相关 QHSE 责任制并督促执行。协助项目经理组织制定项目部质量、健康、安全、环保规章制度，审查项目部 QHSE 管理方针、目标、计划。监督检查 QHSE 专项资金落实和使用情况。组织制定并实施项目部安全生产及 QHSE 教育和培训计划；负责组织项目 QHSE 培训及承包商 QHSE 准入。负责工程质量、安全、环保、职业卫生等手续的申报和办理，负责监督工程项目 QHSE "三同时"的执行。协助项目经理负责项目联合 QHSE 委员会工作，主持项目 QHSE 首次会议及月度 QHSE 联合会议。负责工程物资材料质量管控，负责工程材料现场仓储管理。监督检查项目 QHSE 管理制度、高危作业区域安全生产现场挂牌制等落实情况。组织开展 QHSE 检查，督促相关方及时整改各类问题隐患。

HSE 副总监：协助 HSE 总监做好脱水站、单井及管线投产试运行期间的 QHSE 管理工作。贯彻执行国家质量、健康、安全、环保方面的法律法规、方针、政策和上级各项管理要求，执行 QHSE 责任制。监督工程项目 QHSE "三同时"的执行和各项评价的开展与落实。参与施工组织设计、重大施工方案、风险作业方案以及相应应急预案的审查工作，组织开展监督检查，督促落实各项质量、健康、安全、环保措施。参与制定生产安全事故应急救援预案，并定期演练；参与现场抢险与事故事件调查处理。参与项目部安全生产及 QHSE 教育和培训，监督承包商 QHSE 准入管理情况。督促检查项目 QHSE 管理制度以及项目高危作业区域安全生产现场挂牌制的落实情况。协助组织 QHSE 检查，督促相关方及时整改各类问题隐患。组织开展脱水站、单井及管线投产试运方案的编制审查，协助 QHSE 总监组织开展"三查四定"和启动前安全检查等相关投产试运工作。

副总工程师：协助项目副经理做好净化厂工程建设期间的 QHSE 管理工作。贯彻执行国家质量、健康、安全、环保方面的法律、法规、方针、政策和上级各项管理要求，执行 QHSE 责任制。负责分管业务范围内工程项目 QHSE "三同时"的执行。参与施工组织设计、重大施工方案、风险作业方案以及相应的应急预案的审查工作，开展监督检查，督促落实各项质量、健康、安全、环保措施。参与施工技术交底，并检查施工中 QHSE 措施落实情况。参与制定生产安全事故应急救援预案，并参加应急演练；参与现场抢险与事故事件调查处理。组织开展业务范围内 QHSE 检查，督促相关方及时整改各类问题隐患。

第四节　高含硫气藏地面建设工程数字化

一、项目概述

在"十四五规划"的"加快数字化发展，建设数字中国"政策指导下，引入数字化、智能化技术并结合高含硫气藏地面建设工程自身管理特点，通过生产业务和信息化技术的高效融合，实现信息化技术对生产业务的全面支持，在生产运行、设备管理、节能降耗、安全防范、应急管理等领域确立管理新模式，为高含硫气藏地面建设的安全、环保、高效生产运行提供保障。

二、总体目标

整合工程项目建设数据，引领工程项目的数字化精细管控；利用工程项目建设期完整准确的"加快数字化发展，建设数字中国"数据资源为项目全生命周期提供可靠的数据基础；通过多项目数据积累形成对项目管理的科学认知，辅助项目管理决策。实现基建工程"精细管理、数据传承、知识共享"的目标。

（1）实现场站数据自动采集、自动巡检、无人值守，通过数字化手段提高安全生产管理水平，达到减人增效目的；

（2）充分依托数字化管理平台等系统，整合高含硫气开发相关数据，优化开发生产管理和辅助决策的应用系统，支撑高含硫气藏地面建设和开发管理；

（3）利用物联网、大数据、云计算等核心主导技术，推进勘探开发一体化协同研究，挖掘数据资源价值，提升勘探开发研究水平和创新能力；

（4）借助先进成熟的信息化手段，推动以"自动化生产、数字化办公、智能化管理"为核心的高含硫气藏地面建设，全面提升生产工况动态跟踪分析能力，并推动组织结构和关键业务流程的整合优化，提升生产管理效率，引领高含硫气藏地面工程数字化建设。

三、建设的必要性

高含硫气藏地面建设工程数字化建设的必要性主要体现在以下三个方面。

（1）安全性：高含硫气藏开发具有高温、高压、高腐蚀等特点，对地面设备和管道的安全性能提出了更高的要求。数字化建设可以实现对地面设备和管道的实时监测、智能预警、自动控制等功能，有效降低安全风险，保障生产安全。

（2）效率：数字化建设可以提高地面工程的设计、施工、运行、维护等各个环节的效率，实现信息共享、协同管理、优化调度等目标，降低人力、物力、财力的投入，提高生产效益。

（3）环保：高含硫气藏开发会产生大量的硫化氢和二氧化硫等有害气体，对环境造成严重污染。数字化建设可以实现对含硫气体的净化、回收、利用等过程的精细控制，减少尾气排放，实现清洁开发，保护生态环境。

综上所述，高含硫气藏地面建设工程数字化建设的必要性是显而易见的，有利于实现高含硫气藏的安全、高效、清洁开发，促进国家能源安全和可持续发展。

四、建设内容

高含硫气藏地面建设工程数字化是以建设工程管理移交平台为基础，根据高含硫气藏地面建设工程数字化管理业务需求，开展项目信息化管理、可视化展示、智能化采集。

（1）平台配置与组态实施。

基于数字化管理移交平台，参照数字化管理移交平台相关建设规范和竣工验收手册要求，搭建高含硫气藏地面工程现场管控子系统，实现项目现场综合数据呈现，做到"未到现场，管控现场"；搭建工程移交中心，实现结构化与非结构化数据的整理及展示，实现档案资料的收集与在线归档；搭建物资流程管控模块，实现采购与物资之间的全过程数据关联；实现数据采集APP上线运行，支撑数据采集和协同办公管理。

（2）运维保障与数据质量控制。

运维保障包括数据采集培训、物资二维码标识使用培训及技术保障、线上流程化管控技术支持与培训保障、现场技术支持；数据质量控制包括数据检查、数据规范化整理、数据完整性管控和补充等。

五、应用成效

高含硫气藏地面建设工程数字化的应用成效主要从以下四个方面进行说明。

（1）即时经济回报：数字化技术能够实时监控生产过程，通过精确控制和优化运营参数，降低能耗和物耗，提高设备利用率，从而实现短期内成本的节约和效益的提升。

（2）长期经济效益：长期来看，数字化建设可以大幅提高工程项目的生命周期管理能力，延长设施设备使用寿命，降低全寿命周期内的运维成本。同时，通过对海量数据的深度挖掘和智能分析，有助于发现新的商业机会和改进点，持续推动技术创新与产业升级，增强企业的核心竞争力。

（3）社会贡献：在环保方面，数字化技术助力企业实现对有害气体（如硫化氢）排放的有效监测与控制，降低环境污染风险，符合国家绿色低碳发展的战略目标。此外，智能化的安全预警系统能显著提升安全生产水平，保障员工生命安全，履行企业社会责任。

（4）全面投资评估：从投资角度来看，尽管数字化建设初期可能需要较大的投入，但其带来的潜在价值远超过短期成本。通过综合考虑项目实施后的生产效率提升、运营成本下降、环境友好度提高以及品牌形象提升等因素，可以得出数字化建设具有较高的投资回报率和社会影响力。

第五节　案例说明

一、某天然气净化厂商品气总硫达标改造工程

1. 工程概况

（1）地理位置及交通。

工程施工区域在某天然气净化厂厂区域内，不涉及地方协调方面的问题。该天然气净化厂距某镇直线距离约3km，有某县至某镇省级柏油路面和水泥路面公路隔河相邻，有乡

村级公路和井场公路到达厂区东北部约1.5km处，具备公路交通运输条件。天然气净化厂南侧约200m是宣汉—南坝镇的四级水泥混凝土道路，路基宽度7.5m。天然气净化厂与公路由新建的前河大桥连通，桥长约180m。

（2）气象条件。

该工程所在地位于中亚热带湿润季风气候区，具有四季分明，春秋多雨，冬暖夏热，雨量充沛的特点，大陆性季风气候显著。受海拔高度影响，区内立体气候明显：海拔500m以下地区春早夏热，雨水集中，旱涝交错，多风雹，秋雨，冬暖霜雪少，属盆地亚热带气候；海拔800m以上地区春迟秋早，夏短冬长，具有盆缘山地温带气候特征。低山、高丘云雾较多，日照较浅丘平坝少。

灾害性天气主要有旱灾、洪涝、暴雨山洪、冰雹、低温冷害及大风等，其中暴雨山洪、大风等对施工建设有一定危害。

（3）人文和地质。

天然气净化厂位于前河中游右岸（北岸）高阶地内，前河为山区性河流，洪水涨落过程短，冲刷作用强烈，厂址东、南、西三面被前河环绕，厂址北面重山叠峦。

（4）水电气来源。

该工程施工主要是在净化厂工艺区内，施工用水、电可依靠站内设施提供，较为方便可靠。

2. 目标管理

（1）工程建设严格按照HSE管理制度进行管理，实现无伤害无事故、工程质量优良、达到工期要求、成本控制在预算以内。

（2）所有项目成员对组织机构有清晰的认识，了解各自岗位职责。

（3）保证设备设施的安全性和可靠性，确保按时保质移交给现场试运团队。

（4）整个工程施工期内，涉及各关键环节，项目组管理人员需靠前指挥，相关岗位人员需做好现场全程监督工作。

3. 总部署方案

该工程按照项目管理办法，成立了项目组，项目组织机构如图2.1所示。设置项目经理一人，项目副经理两人。项目下设工程技术组、QHSE管理组、投资控制及计划管理组、综合管理组、物资保障组、试运投产组、项目顾问等7个小组，共有成员43人，各成员分工明确，岗位职责落实到人头，以确保项目高效、有序实施。

4. 职责划分

该工程职责划分见表2.1。

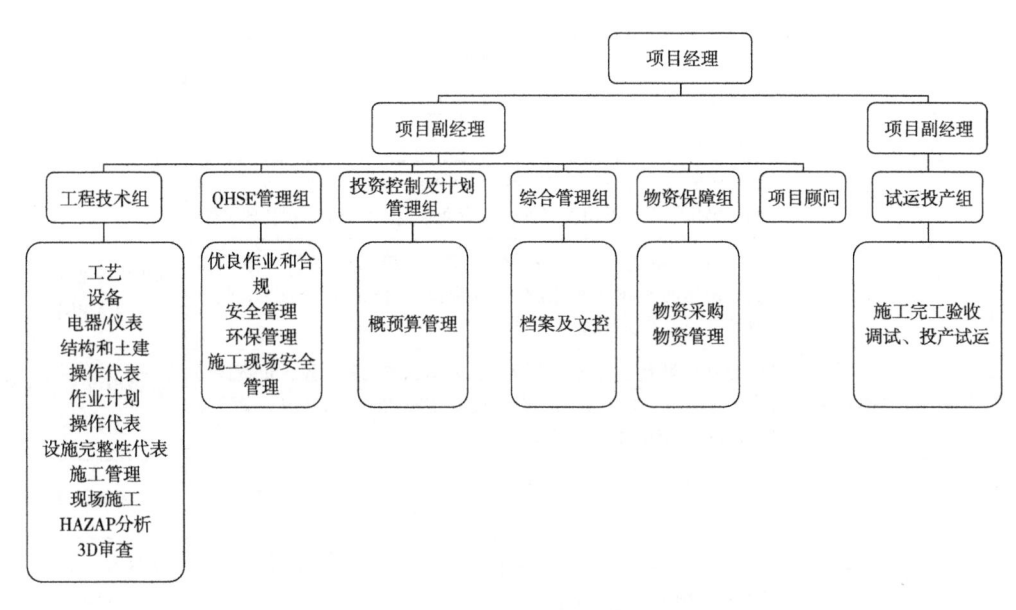

图 2.1　项目组织机构图

表 2.1　项目管理机构成员建议名单及职责表

序号	职务	主要职责	所在单位
1	项目经理	全面负责工程建设工作，为该项目质量、安全、环保、投资、工期第一责任人	某作业分公司
2	项目副经理	协助项目经理执行工程建设工作，主要负责项目规划计划、投资、技术、质量、安全环保、工期控制、合同、物资采购、合规、综合管理、施工管理等工作；负责项目内外部协调和管理工作；分管工程技术组、QHSE管理组、投资控制组、综合管理组、物资保障组；负责业务范围内的QHSE管理工作	工程建设项目部
3	项目副经理	主要负责项目完工验收、调试、投产试运工作；分管试运投产组；负责业务范围内的QHSE管理工作	某生产作业区
4	项目顾问	主要负责中外双方之间的沟通、协调	工程建设项目部
5	工程技术组组长	负责项目工程设计、施工全过程管理，确保实现项目建设目标；负责业务范围内的QHSE管理工作	工程建设项目部
6	工艺管理	负责项目工艺部分设计和现场施工的协调管理等工作；负责业务范围内的QHSE管理工作	工程建设项目部
7	设备管理	负责项目设备部分设计和现场施工的协调管理等工作；负责业务范围内的QHSE管理工作	工程建设项目部
8	电气、仪表管理	负责项目电气、信息化、自控系统、通信部分设计和现场施工的协调管理等工作；负责业务范围内的QHSE管理工作	工程建设项目部
9	结构和土建管理	负责项目土建及公用工程部分设计和现场施工的协调管理等工作；负责业务范围内的QHSE管理工作	工程建设项目部

续表

序号	职务	主要职责	所在单位
10	作业计划	负责生产和施工之间的协调工作,包括停产碰头方案的编制、审查、批准	生产运行部
11	操作代表	作为OPS团队代表介入工程设计、采购、施工各阶段,负责实施利于操作的改进及协调工作;负责业务范围内的QHSE管理工作	勘探开发部
12	操作代表	作为OPS团队代表介入工程设计、采购、施工各阶段,负责实施利于操作的改进及协调工作并收集操作团队的审查意见;负责业务范围内的QHSE管理工作	某生产作业区净化厂（A/B岗）
13	设施完整性代表	作为FE团队代表介入工程设计、采购、施工各阶段,负责设施完整性管理工作及协调工作并收集FE团队的审查意见;负责业务范围内的QHSE管理工作	建议由FE推荐人选（A/B岗）
14	施工管理	负责项目现场施工管理及协调工作;负责业务范围内的QHSE管理工作	工程建设项目部
15	现场施工管理	负责现场设备、管线施工管理及协调工作;负责业务范围内的QHSE管理工作	建议由FE推荐人选（A/B岗）
16	现场施工管理	负责现场仪表、电气、通信的施工管理及协调工作;负责业务范围内的QHSE管理工作	建议由检维修中心推荐人选（A/B岗）
17	HAZAP分析工程师	负责组织对项目进行HAZAP分析,记录并跟踪HAZAP结果的整改落实情况	外聘
18	3D审查工程师	负责对项目的3D设计进行审查	外聘
19	QHSE管理组组长	负责项目的QHSE工作,负责项目QHSE体系的建立和实施	质安环部
20	优良作业和合规管理	负责项目的优良作业和合规管理工作	质安环部
21	安全管理	负责项目前期、设计、采购、施工各阶段的安全管理工作;负责项目安评、消防、节能节水设计审查,安评、消防、节能节水申报管理工作	质安环部
22	环保管理	负责项目前期、设计、采购、施工各阶段的环保管理工作;负责项目环评设计审查,环境保护、排污许可等申报管理工作	质安环部
23	施工现场安全管理	负责项目现场施工安全管理及协调工作	建议HSE管理中心推荐人选（A/B岗）
24	投资控制组组长	负责项目投资、概预算、结算等工作	财务经营部
25	概预算管理	负责项目的投资计划、概预算、结算、付款管理;负责业务范围内的QHSE管理工作	工程建设项目部
26	综合管理组组长行政事务及综合	负责项目行政事务、报表、汇报材料、宣传报道等工作;负责业务范围内的HSE管理工作	工程建设项目部
27	档案及文控	负责项目档案、设计文件、通信文件等搜集、整理、归档工作;负责业务范围内的QHSE管理工作	外聘
28	物资保障组组长	负责项目物资保障工作,包括按需求部门的采购需求、质量要求、时间进度等,组织开展合同签订,物资采购和催交催运,售后服务联络等工作;负责业务范围内的QHSE管理工作	供应链中心

续表

序号	职务	主要职责	所在单位
29	招标及合同管理	负责项目物资采购的招标，合同签订工作；负责业务范围内的QHSE管理工作	供应链中心
30	物资管理	负责项目物资的入库、发放、余料回收等工作；负责业务范围内的QHSE管理工作	供应链中心（A/B岗）
31	试运投产组组长	负责调试、投产试运组织及协调工作；负责业务范围内的QHSE管理工作	某生产作业区
32	施工完工验收	负责牵头施工完工验收工作；负责业务范围内的QHSE管理工作	勘探开发部
33	调试、投产试运	负责牵头脱硫装置调试方案、投产方案编制、审查、批准；负责现场调试、投产试运组织及协调等工作；负责业务范围内的QHSE管理工作	某生产作业区净化厂（A/B岗）
34	调试、投产试运	负责牵头硫黄回收和尾气处理装置调试方案、投产方案编制、审查、批准；负责现场调试、投产试运组织及协调等工作；负责业务范围内的QHSE管理工作	某生产作业区净化厂（A/B岗）

二、某高含硫气田开发地面建设工程

1. 工程概况

某气田气藏开发地面建设工程项目部涉及某气田区块 1 个采矿权范围，截至 2024 年 3 月未建产开发。项目气藏开发采用丛式井组和单井井场布井、酸化压裂方案，为某组含硫天然气开采，硫化氢含量约 15.5%。地面采气集输采用气液混输方案。项目建成后将形成 $13.2 \times 10^8 m^3/a$ 原料气（$9.2 \times 10^8 m^3/a$ 净化气）的产能建设规模。项目包括钻井工程、内输工程、净化厂工程、外输工程和气田水回注工程。

内输工程包括采气站场、集气站场和内输管线。建设采气站场，各站场分别设置工艺流程装置区、火炬系统等。建设集气站。内输管线主要建设气液混输原料气管线，长 12.2km，设计压力 9.9MPa，同沟敷设燃气管线及光缆。新建条燃气管线，长 4.5km，设计压力 4.0MPa，同沟敷设原水管线。净化厂内新建座进厂截断阀室。

净化厂工程主要内容为新建 $400 \times 10^4 m^3/d$ 的天然气净化厂，$200 \times 10^4 m^3/d$ 主体及配套装置。主体装置包括脱硫单元、脱水单元、硫黄回收单元和尾气处理单元，公用和辅助设施包括供水系统、循环水系统、蒸汽及凝结水系统、污水处理系统、供配电系统、自控系统、硫黄成型装置、气田水处理系统、火炬及放空系统、分析化验室、综合公寓和道路工程等。脱硫工艺采用高效脱硫剂吸收，脱水工艺采用 TEG 脱水吸收，硫黄回收工艺采用三级克劳斯反应，尾气处理工艺采用还原吸收工艺，净化厂总硫回收率不低于 99.93%。产出净化气由外输管线输至外输末站。

外输工程包括外输装置、外输末站、外输管道及截断阀室。净化厂内新建 1 列外输装置；扩建 1 座外输末站；新建 1 条外输管线及 3 座截断阀室，外输管线全长 61.5 km，设计压力 8.0MPa，3 座阀室均为监控阀室。

气田水回注工程主要内容为新建 1 座回注站，配套建设 1 条气田水管线。其中回注井利用原有勘探井黄金 1 井，设置气田水罐和回注泵。回注站设计规模 400m^3/d，气田水管线全长 10.5km，设计压力 6.3MPa。

2. 机构设置

该高含硫气田开发地面工程建设项目部（以下简称项目部）下辖 1 气田某组气藏开发地面工程建设项目部（简称 1 项目部）和 2 气田某组气藏开发地面工程建设项目部（简称 2 项目部），项目部设置项目经理 1 人、常务副经理 1 人、项目副经理 2 人（兼职 1 人）、项目副经理兼 HSE 总监 1 人，HSE 副总监 1 人，副总工程师 2 人。下设综合计财与合规管理部、对外协调部、集输工程部、净化工程部、QHSE 管理与投产试运部 5 个部门，项目部成员共计 55 人。1 项目部 33 人，2 项目部门 47 人。

3. 项目部职责

1）工程建设项目部

负责项目部产能建设项目工作，接受上级机关相关部门的管理和监督，行使项目建设职能，负责从施工图设计到竣工验收为止的项目 QHSE、工期、投资、合规性等全过程管理。

（1）负责从设计开始到竣工验收为止的全过程计划、组织、实施、控制和协调管理，在通过竣工验收后，进行固定资产转移。

（2）建立、健全项目管理相关制度、工作流程，制定部门及人员岗位职责。负责项目部领导班子和团队建设及廉政工作，负责项目部人员的履职能力培训和绩效考核工作。

（3）编制项目总体部署，制定项目建设管理目标和控制措施，并组织实施。

（4）负责项目各类专项评价、专项验收及地方手续办理等工作，参与项目前期及评价工作。

（5）负责施工过程管理、施工现场 QHSE 监督、完工交接预查、建设过程资料组卷、工程服务商和承包商考核等全过程管理，并对工程建设安全、质量、投资、工期和健康环保等建设目标负责。

（6）负责项目工程、服务和物资采购的招标选商和合同签订及履行的管理工作。负责勘察设计、监理、施工、物资加工和供应等服务商和供应商的履约管理，审查、监督、考核履约情况和服务质量。

（7）负责涉及项目建设的土地管理、地方手续办理、地方关系协调、地方报建与报验、各种试生产许可证办理、专项验收等工作。

（8）负责项目财务和资产管理，正确归集项目成本，严格行使资金管理权限，保证资金安全。

（9）组织、协调和保障试生产工作，负责竣工验收准备，接受和配合竣工验收工作。

（10）负责党、工、团管理、企业文化建设和日常事务管理工作。

2）综合计财与合规管理部

（1）部门管理职责。

负责工程投资计划、财务、造价、招标、承包商、合同、合规、党工团、宣传、档案管理等工作。下设部长、副部长、综合与档案、项目计财、宣传管理等7个岗位。

①负责贯彻执行党和国家、上级有关党建、财务、资产、计划、造价、企业文化、内控方面的方针政策、法律以及相关规定。

②负责项目部管理规章制度的归集、审查、汇编等工作。

③负责依法合规管理工作，组织重大经营决策法律论证、合规培训等工作。

④负责项目费用预算的编制、分解、统计等工作；负责项目投资过程控制、投资动态分析。

⑤负责工程项目造价管理工作，组织和协调完成项目概算分解、预算审查、标底（招标控制价）编制和结算审定，承包商资质审查与考核组织工作。

⑥负责项目成本核算、资金管理和资产管理工作。负责财务结算、竣工决算和固定资产预转产和转产工作。负责项目财务预算的执行分析工作，负责会计凭证资料的编制、审查及归档工作。

⑦负责项目合同订立、变更、转让、终止的组织、会审、申报等管理工作。

⑧负责项目部OA办公系统、合同系统、财务系统、数字化管理平台等管理系统的运维管理。

⑨负责项目部党工团、企业文化、宣传及党风廉政建设工作。

⑩负责项目部报表汇总编制工作；负责项目部督办事项的汇总编制和催办工作；负责组织竣工资料的归档和移交工作，协助竣工验收工作。

⑪负责项目部印章、培训、会议、办公用品、车辆调派、后勤等日常管理工作。

⑫负责本部门QHSE相关工作。

（2）HSE职责。

①贯彻执行国家质量、健康、安全、环保方面的法律法规、方针、政策和上级各项管

理要求，执行 QHSE 责任制。

②参与建立和完善 QHSE 管理制度，并检查本部门责任制的落实情况。

③负责项目部 QHSE 专项费用使用等日常管理工作，保证 QHSE 技术措施、教育培训、劳动保护用品和防暑降温等费用及时到位。

④负责工程项目 HSE 合同的审查、签订等流程管理。

⑤负责 QHSE 制度的收集、整理和发布工作，配合培训及宣传教育等工作。

⑥配合完成对施工单位进行违约处理。

⑦负责工程现场建设营地的 QHSE 管理。

⑧定期参与应急演练。

3）净化工程部

（1）部门管理职责。

负责施工图设计管理、监造管理、技术规格书及技术协议的审查，负责现场施工组织、投产试运准备及保运，配合招标管理机构编制招标文件。净化工程部定员 13 人，设组长 1 名、副组长 3 名（净化工艺、物资、设备），下设设备管理 1 人、电气管理 2 人、自控仪表 2 人、焊接与检测 1 人、材料采购 2 人、通信与信息 1 人。

①负责执行国家法律法规、上级有关规章制度和标准规范，组织制定净化工程部管理制度。

②负责净化厂工程从施工图设计到完工交接前的全过程管理；组织所实施的项目结算和竣工资料的收集、整理及立卷归档；申报和考核第三方质量监督。

③负责工程和服务商选择方案编制，招标文件、合同协议的起草，配合合同管理部门进行招标及合同签订的申报、办理工作。

④负责参与工程项目的可行性研究、初步设计编制及评审等前期工作，配合相关部门完成工程项目完工交接和竣工验收工作。

⑤负责工程建设项目的质量、安全、环保、投资及工期的管理，配合有关部门做好承包商考核工作。

⑥编写与职责相关的周报、月报、专题报告、施工评价总结报告和部门工作总结。

⑦负责履行本部门质量安全环保管理职责。

⑧负责本部门党风廉政建设工作。

（2）HSE 职责。

①贯彻执行国家质量、健康、安全、环保方面的法律法规、方针、政策和上级各项管理要求，执行 QHSE 责任制。

②参与建立和完善 QHSE 管理制度,并检查本部门责任制的落实情况。

③参与承包商 QHSE 准入管理、HSE 培训及业绩考评。

④负责组织业务范围内施工图设计、技术规格书审查工作,负责项目建设过程中的设计变更及工程变更管理,落实建设项目 QHSE "三同时"工作。

⑤负责对施工组织设计中的 QHSE 内容进行审查和确认,组织工程施工过程中的 QHSE 技术交底,对施工组织方案中各项 QHSE 措施进行监督检查,督促业务范围内 QHSE 资金的投入和使用。

⑥负责组织乙方供料的入场验收管理。

⑦负责施工现场的 QHSE 管理,对工程质量、健康、安全、环保目标进行控制。

⑧负责作业许可票证现场实施和作业监督,督促作业单位按照作业许可范围和规定作业;负责对其他现场施工作业(物资公司采购且包安装的设备设施)牵头办理作业票,进行作业许可管理。

⑨参加专项检查和日常巡查,督促问题整改验收。

⑩参与编制修订应急预案,定期参与应急演练。参与事故应急抢险,参加事故事件的调查和处理。

4)集输工程部

(1)部门管理职责。

负责内输、外输与生活公寓工程项目施工图设计管理、监造管理、技术规格书及技术协议的审查,负责现场施工组织、投产试运准备及保镖,配合招标管理机构编制招标文件。定员16人,设部长1名、副部长3名,下设油气储运专业4人、自控通信专业2人、自控仪表专业1人、电气专业1人、总图土建专业2人、净化工艺专业1人、综合管理专业1人。

①按照项目总体部署的目标要求,负责内部集输、外输工程和值班公寓的施工图设计和施工阶段的现场管理。

②按分级管理要求组织、参与技术规格书、施工图设计等文件的审查,督促设计单位响应审查意见并按时出图。组织开工前的施工图设计技术交底,负责施工图设计的管理和考核工作。

③负责工程和服务商选择方案编制,招标文件、合同协议的起草,配合合同管理部门进行招标及合同签订的申报、办理工作。

④负责项目物资界面划分,负责甲供物资需求计划提报和现场物资管理。

⑤负责权限范围内物资采购招标文件技术部分编制,参与招标文件审查,负责招标技术澄清和答疑。

⑥负责项目承包商现场监督、管理和考核，负责施工现场管理，负责施工现场规范化管理。

⑦负责组织监理规划、监理细则、施工组织设计、重大施工方案及安全预案、风险作业方案及应急救援预案等项目程序管理文件的审查，组织监督落实各项方案措施。

⑧配合建设阶段各类地方合规手续办理。

⑨负责施工现场签证管理。

⑩负责组织中间交工、完工交接、竣工验收等程序的预检查工作，督促问题闭环，负责组织试运投产期间的配合保障工作。

⑪及时上报、解决和处理现场施工的质量、安全和环保事故和问题，参与并协助调查处理工作。

⑫编写与职责相关的周报、月报、专题报告、施工评价总结报告和部门工作总结，参与竣工图和竣工资料审查，配合审计和竣工验收的准备工作。

⑬负责本部门业务范围内的QHSE相关工作。

⑭负责本部门业务范围内的党风廉政建设工作。

（2）HSE职责。

①贯彻执行国家质量、健康、安全、环保方面的法律法规、方针、政策和上级各项管理要求，执行QHSE责任制。

②参与建立和完善QHSE管理制度，并检查本部门责任制的落实情况。

③参与承包商QHSE准入管理、HSE培训及业绩考评。

④负责组织业务范围内施工图设计、技术规格书审查工作，负责项目建设过程中的设计变更及工程变更管理，落实建设项目QHSE"三同时"工作。

⑤负责对施工组织设计中的QHSE内容进行审查和确认，组织工程施工过程中的QHSE技术交底，对施工组织方案中各项QHSE措施进行监督检查，督促业务范围内QHSE资金的投入和使用。

⑥负责组织乙方供料的入场验收管理。

⑦负责施工现场的QHSE管理，对工程质量、健康、安全、环保目标进行控制。

⑧负责作业许可票证现场实施和作业监督，督促作业单位按照作业许可范围和规定作业；负责对其他现场施工作业（物资公司采购且包安装的设备设施）牵头办理作业票，进行作业许可管理。

⑨参加专项检查和日常巡查，督促问题整改验收。

⑩参与编制修订应急预案，定期参与应急演练。参与事故应急抢险，参加事故事件的

调查和处理。

5）对外协调部

（1）部门管理职责。

负责对外协调、土地征用、建构筑物拆迁、行政许可等工作。下设部长、副部长、项目征地与协调、项目征地与协调4个岗位。

①负责贯彻执行国家和上级有关土地征用、建构筑物拆迁、行政许可等方面的方针政策、规范和标准。

②负责与地方各部门的联络沟通，协助项目部各部门在地方办理相关业务。

③负责办理项目前期行政许可，并配合办理相关建设期行政许可。

④负责开展项目部土地征用和建构筑物拆迁相关管理工作。

⑤负责本部门的安全、节能、环保管理工作及党风廉政建设。

（2）HSE职责。

①贯彻执行国家质量、健康、安全、环保方面的法律法规、方针、政策和上级各项管理要求，执行QHSE责任制。

②参与建立和完善QHSE管理制度，并检查本部门责任制的落实情况。

③参与编制修订应急预案，定期参与应急演练。

④负责及时报告发现的隐患，参与事故应急抢险，参与事故事件的调查和处理。

6）QHSE管理与投产试运行部

（1）部门管理职责。

负责疫情防控、承包商监管、专项评价、质量控制、环境保护、职业卫生、投产试运行期间技术准备、装置联调等工作。下设部长、副部长、QHSE管理、QHSE监管、投产试运行、质量管理、专项评价7个岗位。

①贯彻落实国家质量安全环境节能法律法规、集团公司及分公司质量安全环保方针政策、规范和标准，负责项目部QHSE日常综合监督管理。

②建立健全项目部QHSE规章制度、检查考核管理办法等，督促相关部门组织实施。督促项目部各部门、参建各单位切实履行QHSE职责。

③认真执行有关QHSE资格审核制度，严格审查合同相对人的QHSE资质。审查承包商合同中的质量、健康、安全、环保条款，并对履行情况进行监督检查。

④负责新开工项目承包商QHSE准入评估，开展承包商QHSE制度执行情况的监督与考核。

⑤参加工程项目中有关质量、健康、安全、环保设计方案审查，参加工程项目的技术

交底、完工交接和竣工验收，监督质量、健康、安全、环保措施"三同时"的执行。

⑥负责制定工程建设 QHSE 专项资金的使用计划及管理办法，并对使用情况、效率进行分析评估。

⑦负责完成项目部工程现场 QHSE 监督管理工作。组织质量、安全等专项检查、日常巡查，督促各类问题整改。

⑧负责组织制定项目部联合应急预案、突发事件应急预案，完善应急救援机制，指导承包商编制专项应急预案；检查承包商定期开展应急演练情况，组织项目部联合应急演练，对演练效果进行评价并及时修订完善，对应急救援设备、机具、物资、车辆等的落实情况进行督促检查。

⑨协助开展项目的职业健康、安全、环保、消防、节能、水土保持等专项评价手续的申报、办理，负责"三同时"管理，组织专项验收。

⑩负责对工程承包商的违章违规行为、单位和个人进行处罚，对好的经验做法及优秀质量管控方式进行奖励。

⑪组织或参与项目部质量安全环保事故事件的调查。

⑫负责项目部 QHSE 宣传、教育和培训管理工作。

⑬负责作业许可票证执行情况的检查，督促作业单位按照作业许可范围和规定作业。

⑭负责 QHSE 管理信息汇总，负责承包商 QHSE 绩效考核。

⑮负责工伤管理。

⑯负责净化厂投产试运行期间的技术准备、人员准备、物资材料准备、三查四定、单机试运及全装置联运等技术工作。

⑰负责脱水站、单井及管道投产试运行期间技术准备、人员准备、物资材料准备、三查四定、单机试运及全装置联运等技术工作。

（2）HSE 职责。

①贯彻执行国家质量、健康、安全、环保方面的法律法规、方针、政策和上级各项管理要求，执行 QHSE 责任制，负责项目部 QHSE 日常综合监督管理。

②建立健全项目部 QHSE 规章制度，督促项目部各部门、参建各单位切实履行 QHSE 职责。

③严格审查承包商安全生产许可、特种作业人员资格证书等 QHSE 相关文件，审核承包商合同中的质量、健康、安全、环保条款和 HSE 合同，并对履行情况进行监督检查。

④负责承包商 QHSE 准入评估，督促承包商建立健全 QHSE 管理体系，开展承包商监督与考核。

⑤参与工程项目中有关质量、健康、安全、环保设计方案审查，参与工程项目的技术交底、完工交接和竣工验收，监督质量、健康、安全、环保措施"三同时"的执行。

⑥协助开展项目的职业健康、安全、环保、消防、节能、水土保持等专项评价手续的申报、办理，并组织专项验收。

⑦负责 QHSE 监督管理工作，组织专项检查和日常巡查，检查现场安全生产状况，及时排查生产安全事故隐患，提出改进安全生产管理的建议，督促落实安全生产整改措施。

⑧负责作业许可票证执行情况的检查，督促作业单位按照作业许可范围和规定作业。制止和纠正违章指挥、强令冒险作业、违反操作规程的行为，对工程承包商单位和个人的违章违规行为进行处罚。

⑨负责组织制定项目部联合应急预案、突发事件应急预案，完善应急救援机制，指导承包商编制专项应急预案，检查承包商开展应急演练情况；组织应急救援演练，对演练效果进行评价并及时修订完善，对应急救援设备、机具、物资、车辆等的落实情况进行督促检查。

⑩组织或参与工程项目质量安全环保事故事件的调查和处理。

⑪负责项目部 QHSE 宣传、教育和培训管理工作，组织或者参与项目部安全生产教育和培训，如实记录安全生产教育和培训情况。

⑫负责 QHSE 管理信息汇总。

⑬负责工伤管理。

⑭负责净化厂投产试运行期间的 QHSE 管理工作。

⑮负责脱水站、单井及管道投产试运行期间的 QHSE 管理工作。

参考文献

[1] 中国石油学会质量可靠性专业委员会. 石油工程质量可靠性研究与应用 [M]. 北京：石油工业出版社，1996.

[2] 韩玉麒，高倩. 建设项目组织与管理 [M]. 成都：西南交通大学出版社，2019.

[3] 卫丽霞，范春. "油公司"体制下普光气田管理标准体系研究与探讨 [J]. 石油工业技术监督，2018（8）：33-35，39.

[4] 薛江波，李燕，朱和平，等. 大型气田管理的互联网+模式探索 [J]. 工业，2016（3）：192-193.

[5] 刘伟. 数字化气田管理 [J]. 中国科技博览，2015（23）：22.

[6] 李佳. 油气田企业战略成本管理模式 [J]. 天然气技术与经济，2023，17（4）：57-63.

[7] 朱敏，陈学敏，龚云洋，等. 中江气田信息化建设管理探索与实践 [J]. 天然气工业，2021，41（202）：161-166.

[8] 袁艺朗，李倩，魏东. 移动视频监控系统在油气田安全管理中的应用 [J]. 天然气工业，2021，41（202）：150-154.

[9] 沈维东作. 组织管理的实践 [M]. 北京：中华工商联合出版社，2023.

[10] 王蓓. 合同能源项目管理在西南油气田的应用研究 [D]. 成都：西南石油大学，2016.

第三章　高含硫气藏地面建设项目设计理念

高含硫气藏地面工程的设计理念应该以安全、环保和高效为基本原则。在设计中，应该充分考虑可能存在的安全风险，并采取相应的安全措施，例如设置防爆、防火、气体检测、社区报警、排气等装置，建立应急预案等。同时，还应该注重环保问题，通过选址、废水处理、废气处理等措施，尽可能减少对环境的影响。在保证安全和环保的前提下，还应该充分考虑经济效益，通过技术创新和工程优化，提高开发效率和降低成本，实现高效、稳定、可持续的开发。最后，应该注重可持续性问题，采取可持续的开发方式和管理模式，确保高含硫气藏资源的可持续开发和利用，以实现社会、经济和环境的可持续发展。

高含硫气藏地面工程的设计理念包括以下几个方面。

（1）安全性。考虑到高含硫气藏地下储存条件复杂，可能存在地质灾害、气体泄漏、设备和管道腐蚀穿孔、爆炸等安全风险，应该采取相应的安全措施，例如设置安全阀、防火墙、防爆门（防爆墙）、气体检测、社区报警等装置，建立完善的应急预案，定期进行安全演练，确保在紧急情况下能够及时、有效地应对风险。

（2）环保性。考虑到高含硫气藏可能会产生大量的废水、废气和固体废弃物，设计应该充分考虑环保问题，包括选址、废水处理、废气处理、废弃物处理等。应该采用先进的环保技术和设备，尽可能减少对环境的影响，确保符合国家和地方的环保标准。

（3）高效性。考虑到高含硫气藏开发需要大量的资金和技术支持，设计应该充分考虑经济效益。应该通过技术创新和工程优化，提高开发效率和降低成本，实现高效、稳定、可持续的开发。例如，采用先进的检测技术和生产工艺，提高气体采收率和减少生产成本。

（4）可持续性。考虑到高含硫气藏是一种非常有价值的资源，设计应该注重可持续性问题。在设计中充分考虑到资源保护、社会责任、长期发展等方面，采取可持续的开发方式和管理模式，确保高含硫气藏资源的可持续开发和利用，以实现社会、经济和环境的可持续发展。例如，开展技术研究和开发，提高资源利用效率，同时加强环境保护，促进经济和社会的可持续发展。

第一节　高含硫气藏地面建设设计依据

高含硫气藏地面建设工程设计依据多方面法律法规及国家、行业标准，包括环境保护方面、安全生产方面、消防安全方面、土地管理方面等，确保工程的合法性、安全性、环保性和社会责任性。

一、遵循的法律法规

（1）《中华人民共和国消防法》；

（2）《中华人民共和国特种设备安全法》；

（3）《中华人民共和国环境保护法》；

（4）《中华人民共和国大气污染防治法》；

（5）《中华人民共和国职业病防治法》；

（6）《中华人民共和国环境噪声污染防治法》；

（7）《中华人民共和国土地管理法》；

（8）《石油天然气管道保护法》；

（9）《中华人民共和国水土保持法》；

（10）《中华人民共和国固体废物污染环境防治法》；

（11）《中华人民共和国水法》；

（12）《中华人民共和国突发事件应对法》；

（13）《中华人民共和国安全生产法》；

（14）《中华人民共和国水污染防治法》；

（15）《危险化学品泄漏安全管理条例》；

（16）《国家危险废物名录》。

二、国家及行业标准规范

（1）《气田集输设计规范》（GB 50349—2015）；

（2）《石油天然气工程设计防火规范》（GB 50183—2004）；

（3）《石油化工企业设计防火规范》[GB 50160—2008（2018年版）]；

（4）《天然气》（GB 17820—2018）；

（5）《天然气脱水设计规范》（SY/T 0076—2008）；

（6）《输气管道工程设计规范》（GB 50251—2015）；

（7）《油气输送管道穿越工程设计规范》（GB/T 50423—2013）；

（8）《油气输送管道线路工程抗震集输规范》（GB/T 50470—2017）；

（9）《石油天然气工业管线输送系统用钢管》（GB/T 9711—2017）；

（10）《石油天然气钢质管道无损检测》（SY/T 4109—2020）；

（11）《钢质管道外腐蚀控制规范》（GB/T 21447—2018）；

（12）《埋地钢质管道阴极保护技术规范》（GB/T 21448—2017）；

（13）《埋地钢质管道聚乙烯防腐层》（GB/T 23257—2017）；

（14）《工业设备及管道绝热工程设计规范》（GB 50264—2013）；

（15）《钢质管道聚烯烃胶粘带防腐层技术标准》（SY/T 0414—2017）；

（16）《石油天然气站场管道及设备外防腐层技术规范》（SY/T 7036—2016）；

（17）《油气田及管道工程计算机控制系统设计规范》（GB/T 50823—2013）；

（18）《油气田及管道工程仪表控制系统设计规范》（GB/T 50892—2013）；

（19）《石油化工安全仪表系统设计规范》（GB/T 50770—2013）；

（20）《石油化工可燃气体和有毒气体检测报警设计标准》（GB/T 50493—2019）；

（21）《天然气计量系统技术要求》（GB/T 18603—2014）；

（22）《用标准孔板流量计测量天然气流量》（GB 21446—2008）；

（23）《火灾自动报警系统设计规范》（GB 50116—2013）；

（24）《视频安防监控系统工程设计规范》（GB 50395—2007）；

（25）《通信线路工程设计规范》（YD 5102—2010）；

（26）《建筑物电子信息系统防雷技术规范》（GB 50343—2012）；

（27）《建筑设计防火规范》[GB 50016—2014（2018年版）]；

（28）《石油天然气工程总图设计规范》（SY/T 0048—2016）；

（29）《建筑结构荷载规范》（GB 50009—2012）；

（30）《建筑地基基础设计规范》（GB 50007—2011）；

（31）《砌体结构设计规范》（GB 50003—2011）；

（32）《建筑工程抗震设防分类标准》（GB 50223—2008）；

（33）《构筑物抗震设计规范》（GB 50191—2012）；

（34）《混凝土结构设计规范》[GB 50010—2010（2024年版）]；

（35）《建筑抗震设计规范》[GB 50011—2010（2024年版）]；

（36）《钢结构设计标准》(GB 50017—2017)；

（37）《建筑灭火器配置设计规范》(GB 50140—2005)；

（38）《室外给水设计标准》(GB 50013—2018)；

（39）《室外排水设计规范》[GB 50014—2006（2016年版）]；

（40）《工业企业噪声控制设计规范》(GB/T 50087—2013)；

（41）《岩土工程勘察规范》(GB 50021—2012)；

（42）《重要电力用户供电电源及自备应急电源配置技术规范》(GB/Z 29328—2012)；

（43）《35kV~110kV变电站设计规范》(GB 50059—2011)；

（44）《3~110kV高压配电装置设计规范》(GB 50060—2008)；

（45）《20kV及以下变电所设计规范》(GB 50053—2013)；

（46）《供配电系统设计规范》(GB 50052—2009)；

（47）《低压配电设计规范》(GB 50054—2011)；

（48）《建筑物防雷设计规范》(GB 50057—2010)；

（49）《电力工程电缆设计标准》(GB 50217—2018)；

（50）《通用用电设备配电设计规范》(GB 50055—2011)；

（51）《爆炸危险环境电力装置设计规范》(GB 50058—2014)；

（52）《并联电容器装置设计规范》(GB 50227—2017)；

（53）《建筑物防雷设计规范》(GB 50057—2010)；

（54）《石油设施电气设备场所区域Ⅰ级0区、1区和2区的分类推荐作法》(SY/T 6671—2017)；

（55）《压力容器》(GB 150.1~150.4—2011)；

（56）《固定式压力容器安全技术监察规程》(TSG 21—2016)；

（57）《管壳式换热器》(GB 151—2014)；

（58）《环境空气质量标准》(GB 3095—2012)；

（59）《工业企业设计卫生标准》(GBZ1—2010)；

（60）《石油化工企业职业安全卫生设计规范》(SH 3047—2021)；

（61）《地表水环境质量标准》(GB 3838—2017)；

（62）《声环境质量标准》(GB 3096—2008)；

（63）《建筑施工场界环境噪声排放标准》(GB 12523—2011)；

（64）《工业企业厂界环境噪声排放标准》(GB 12348—2008)；

（65）《综合能耗计算通则》(GB/T 2589—2008)；

（66）《公共建筑节能设计标准》（GB 50189—2015）；

（67）《建筑照明设计标准》（GB 50034—2013）；

（68）《建筑采光设计标准》（GB/T 50033—2013）；

（69）《工业建筑供暖通风与空气调节设计规范》（GB 50019—2015）；

（70）《石油天然气地面建设工程供暖通风与空气调节设计规范》（SY/T 7021—2014）；

（71）《工业电视系统工程设计标准》（GB/T 50115—2019）；

（72）《视频安防监控系统工程设计规范》（GB 50395—2007）；

（73）《油气输送管道同沟敷设光缆（硅芯管）设计及施工规范》（SY/T 4108—2019）；

（74）《通信线路工程设计规范》（GB 51158—2015）；

（75）《综合布线系统工程设计规范》（GB 50311—2016）；

（76）《火灾自动报警系统设计规范》（GB 50116—2013）；

（77）《通信局（站）防雷与接地工程设计规范》（GB 50689—2011）；

（78）《陆上石油天然气开采工业大气污染物排放标准》（GB 39728—2020）；

（79）《钢制管道内检测技术规范》（GB/T 27699—2011）；

（80）《管道完整性管理规定》（Q/SY 1180.6—2013）；

（81）《压力管道安全技术监察规程——工业管道》（TSG D0001—2009）；

（82）《石油天然气工业 油气开采中用于含硫化氢环境的材料 第1部分：选择抗裂纹材料的一般原则》（GB/T 20972.1—2007）；

（83）《石油天然气工业 油气开采中用于含硫化氢环境的材料 第2部分：抗开裂碳钢、低合金钢和铸铁》（GB/T 20972.2—2008）；

（84）《石油天然气工业 油气开采中用于含硫化氢环境的材料 第3部分：抗开裂耐蚀合金和其他合金》（GB/T 20972.3—2008）；

（85）《控制钢制管道和设备焊缝硬度防止硫化物应力开裂技术规范》（GB/T 27866—2011）；

（86）《天然气地面设施抗硫化物应力开裂和应力腐蚀开裂金属材料技术规范》（SY/T 0599—2018）；

（87）《高含硫化氢气田集输系统内腐蚀控制规范》（SY/T 0611—2018）；

（88）《高含硫化氢气田地面集输系统设计规范》（SY/T 0612—2014）；

（89）《高含硫化氢气田集输管道焊接技术规范》（SY/T 4117—2016）；

（90）《高含硫化氢气田集输场站工程施工技术规范》（SY/T 4118—2016）；

（91）《高含硫化氢气田集输管道工程施工技术规范》（SY/T 4119—2016）；

（92）《高含硫化氢气田钢质管道环焊缝射线检测》（SY/T 4120—2018）；

（93）《石油天然气建设工程施工质量验收规范 高含硫化氢气田集输场站工程》（SY/T 4212—2017）；

（94）《石油天然气建设工程施工质量验收规范 高含硫化氢气田集输管道工程》（SY/T 4213—2017）；

（95）《石油天然气建设工程施工质量验收规范 油气田非金属管道工程》（SY/T 4214—2017）；

（96）《固定式压力容器安全技术监察规程》（TSG 21—2016）；

（97）《特种装备生产和充装单位许可规则》（TSG 07—2019）；

（98）《移动式压力容器安全集输监察规程》（TSG R0005—2011）；

（99）《特种设备无损检测人员考核规则》（TSG Z8001—2019）；

（100）《特种设备焊接操作人员考核细则》（TSG Z6002—2010）；

（101）《石油天然气金属管道焊接工艺评定》（SY/T 0452—2021）；

（102）《石油天然气钢制管道无损检测》（SY/T 4109—2020）。

第二节　高含硫气藏地面建设安全设计理念及管理

一、安全设计理念

（1）风险评估和管理。

风险评估是确保项目安全的首要步骤。这涉及对高含硫气体的性质、可能引发的危害以及相关的安全风险进行全面评估。考虑到硫气的毒性和腐蚀性，评估需要综合考虑设备状况、作业环境和人员暴露风险。基于评估结果，制定相应的风险管理计划，明确预防措施、应急响应策略和事故恢复计划。

（2）工程材料和设备的选择。

选择耐腐蚀材料对于在高含硫气体环境中设计和建造设备至关重要。例如，不锈钢、合金钢等能够抵御硫化物腐蚀的材料是首选。此外，设备的设计和选择也应考虑到其在高硫气环境下的可靠性和安全性。

（3）自动化监测和控制系统。

部署先进的气体监测系统是关键，能够实时监测硫气浓度。一旦超出安全阈值，系统应能自动触发警报并采取预先设定的控制措施,比如自动关闭设备或启动紧急防护系统。这种自动化系统有助于快速响应潜在的危险情况。

(4)设备布局和防护工程。

设备布局方面,需要合理规划设备摆放,将硫气源、设备和人员隔离开来,最小化可能的风险区域。另外,在关键区域设置防爆墙、隔离区域和安全通道等防护工程,以限制事故扩散和最大限度地保护人员和设备。

(5)紧急响应计划。

制定详尽的紧急响应计划是必不可少的。这个计划包括明确的应急联系人、紧急撤离程序、通信计划和急救措施等。定期的演练和实地模拟有助于验证响应计划的可行性,并及时修订和完善。

(6)环境保护。

在设计和运营中,要考虑减少硫气泄漏和对周围环境的影响。这可能包括采用更有效的封闭系统、废气处理装置等技术来最小化气体的排放和环境污染。同时,建立环境监测系统用于跟踪环境影响,并采取必要的措施保护生态系统。

以上安全设计理念的综合考量有助于在高含硫气藏地面建设项目中最大限度地降低潜在的安全风险,确保工作人员、设备和环境得到有效保护。

二、安全设计管理

1. 设计概况

1)设计单位

明确高含硫气藏地面建设项目的开发方案、初步设计、施工图设计的负责单位。

2)可研报告

明确公司关于高含硫气藏地面建设项目的可研报告批复情况以及说明主要批复内容。

3)初步设计审批

明确公司关于高含硫气藏地面建设项目的初步设计审批情况以及说明与可研报告的重大变化情况。

4)设计特点

阐述高含硫气藏地面建设项目的设计特点,如设计理念、指导思想等。

5)施工图设计及审查工作进度安排

明确高含硫气藏地面建设项目的施工图设计及审查工作进度安排。

6）施工图设计质量控制措施

（1）工程设计应符合国家、行业、企业法律、法规及标准的要求，满足国家和行业相关的安全、环保、消防、卫生等规范标准要求。工程设计标准原则上包括国家标准、石油天然气行业标准、国际通用石油天然气行业标准，同时部分工程设计可参照石油化工、电力、通信、公路等其他行业相关标准规范。

（2）坚持"三同时"原则。一是环保及安全设施应与主体工程同步开展设计，确保"三废"排放和安全标准达到国家及行业规范要求；二是职业病防护设施应与主体工程同时设计，确保职业病防护等级和标准符合国家及地方法律法规，国家及行业标准要求。

（3）坚持以初步设计及概算批复为原则。应以初步设计确定的工艺技术路线和建设水平，优化细化施工图设计，确保实现初步设计确定各项技术指标、结构安全和使用功能。

（4）坚持先勘察后设计的原则。施工图设计应以本工程地质勘察报告为依据开展，对重要设备和主要管廊架的基础设计的结构选型应充分结合地勘资料，做到结构设计合理，安全可靠。

（5）坚持标准化设计的原则。对已发布标准化设计的，应按标准化设计执行。

（6）坚持技术经济相结合、设计与工程现场实际相结合的原则。

（7）施工图设计文件编制及深度要求应符合石油天然气行业有关规定。

（8）设计单位应建立完善施工图设计质量管理体系，所有设计技术文件要严格执行"校、核、审"制度，并完成签署工作。在提交施工图的同时，应提交设计单位专业内部和专业之间会审相关资料。对于委托方组织的施工图设计文件审查形成的意见，设计单位在沟通无异议后应逐一响应，其响应情况报委托方。

（9）严格贯彻执行标准化设计成果，采用橇装化设计、工厂化预制、模块化安装的设计技术。

（10）施工图设计文件应采用三维设计。防止出现"错、漏、碰、缺"等问题。

（11）认真做好施工图设计文件的预审或会审意见的响应或落实。

（12）厂（站）选址、线路走向应与当地规划、国土、航道、交通、通信、林业、水利、安监等部门结合并取得许可，配合委托单位及业主办理相关手续。

（13）对配套的水、电、信等资源进行调查，并在设计文件上明确方案和工作量，并与相关方签订意向性协议。

（14）总平面布置图应明确标注出井口装置、综合值班室、工艺装置区、放空区、排污口、运输车道、进出站管道、逃生通道、围墙的具体位置和相互关系。

（15）新征土地考虑5%～10%的不可利用系数。

（16）设计文件应将环境影响评价报告、安全预评价报告、地震灾害评价报告、地质灾害评价报告、崖土工程勘察报告、水土保持报告（申请表）的结论和措施进行落实。

（17）厂、站内非标容器最高工作压力应与配套工艺设计压力相一致。

（18）线路走向涉及的重要公路、铁路、河流、光缆等特殊地区穿（跨）越应作单体设计。

（19）施工图设计必须利用专页同初步设计批复在工作量和费用方面进行对比。

2. 设计方案质量管理

（1）设计方案应符合国家、行业、企业法律、法规及标准的要求，满足国家和行业相关的安全、环保、消防、卫生等规范标准要求；

（2）坚持"三同时"原则，要求环保、安全、职业病防护设施应与主体工程同步开展设计；

（3）坚持以初步设计及概算批复为原则；

（4）坚持先勘察后设计的原则；

（5）坚持标准化设计的原则；

（6）坚持技术经济相结合的原则。

3. 设计方案进度管理

结合工程建设进度节点，编制设计进度计划大表，分批设计、分批审查。

4. 设计方案控制措施

（1）精选设计人员。要求主要设计人员有同类型项目设计经验，专业设计人员配置齐全，初步设计和施工图设计人员保持一致。

（2）强化设计内审。未经设计单位内审的图纸建设项目部不予审查。

（3）强化设计图纸审查。首先邀请专家、相关业务科室进行预审，审查通过后报分公司审查（在设计过程中，如何做到设计文件的及时和同步审查，设计文件的审查和升版如何管理）。

（4）组织施工、监理和设计单位进行图纸会审。总平面和施工图是否一致，设计内容有无遗漏、矛盾，设计布局是否合理，设计内容是否满足要求，对发现的问题通过三方协商，拟定解决方案。

（5）派专人驻设计院办公，实时掌控设计进度，及时纠偏。

5. 基础数据资料管理

（1）明确沟通渠道，明确设计单位联系人员，明确沟通形式。

（2）所有基础设计数据均由对应部门组织收集、整理，并经审查无误后发出（由哪个部门组织制造前的开工会,哪些部门和人员参加,对开工会内容的要求)。

(3)厂家返回的基础资料由采购执行单位(物资公司)负责与厂家联系,收集整理后提交审查。供应商文件提交清单由谁审查和确定,供应商的文件提交由谁负责催交,供应商/制造厂在制造过程文件提交和审查意见的反馈由谁负责,由哪些部门和人员负责制造过程文件的审查和签字确认,文件的升版如何管理。

(4)对于需厂家提供的基础资料,原则上要求厂家在接收到物资公司书面通知48小时内提交,如有特殊原因不能按时提交,应在48小时内回复原因(哪个部门和人员负责制造厂/供应商出厂文件审查和验收、物资入场资料/质证文件由哪个部门和人员负责审查)。

6. 初审、会审、现场服务管理

(1)设计交底及图纸会审控制:根据施工图提交与施工进度需求分阶段组织实施。优化完善设计审查模式。扩大专家覆盖面,针对各阶段的集中审查,一律采取"全封闭式",减少外来干扰;加强与设计单位信息沟通。及时沟通和解决设计过程中存在的问题,及时采取强有力的改进措施;全面推行"三维模型"设计新技术。确保施工图纸与建设现场"面对面、线对线、点对点"的无缝衔接,最大限度减少设计"错、漏、碰、缺"等问题,有力地提升设计深度和质量,并加快设计速度;明确要求设计单位对每次会审意见均应有明确的响应意见。

(2)施工图设计交底:组织施工单位和设计单位进行设计交底,交代关键技术要求与质量控制点,确保关键部位的设计质量满足施工要求。

(3)设计现场服务要求:根据施工的需要,由设计单位及时派相关专业的设计人员驻施工现场,配合现场服务。

7. 技术谈判、设计合同管理

(1)要求设计单位对技术谈判、设计合同及设计文件按设计规章制度,指定专门部门和人员进行管理;

(2)设计单位应建立完善施工图设计质量管理体系,所有设计技术文件要严格执行"校、核、审"制度,并完成签署工作;

(3)要求设计单位按照合同要求,编制完成设计文件总体进度计划及计划控制程序,根据招标文件中规定的里程碑计划和工作范围,进行工作任务分解,编制项目进度计划,经项目部批准后执行;

(4)要求设计单位设置专职的设计文件管理控制工程师,严格按照制定的设计质量、进度计划,保质、保量、保深度提交施工图设计文件;

(5)要求设计单位设专人负责设计文件的统一接收和发放,并设专人负责跟踪相关纪要、信函及存在问题的关闭工作等。

8. 设计投资管理

（1）当施工图设计与初步设计确定的原则、工作量以及主要设备材料选型等发生变化，应以文字材料（或对照表）形式进行详细说明；

（2）邀请不同层面、不同专业的专家进行审查，经专家审查同意后确需调整投资的，按照相关规定的程序进行上报，经批准后实施；

（3）因勘察、设计失误或缺陷导致工程出现质量、安全、环保事故、重大经济损失、导致项目概算调整时，按照相关规定的程序进行考核；

（4）因建设、施工、监理、材料供货等单位引起的设计变更造成的投资损失，按相关规定进行考核。

9. 设计变更管理

（1）设计变更应当符合国家、行业相关强制性标准和规范要求，符合工程质量和使用功能的要求，符合环境保护、安全生产的要求；

（2）项目设计变更应严格按照相关规定程序进行审批；

（3）设计变更应按照"谁批复、谁管理""谁变更、谁负责"的原则进行分级授权管理审批；

（4）经批准的工程勘察设计文件以及确定的建设规模、技术标准、造价和工期等，未经设计批准单位批准不得随意变更，经批准的设计变更一般不得再次变更；

（5）设计变更应采用与原设计概算相同的编制办法和定额编制概算文件，设计变更概算随同设计变更文件一同报批。设计变更的批文、图表、各级签署意见，应装订成册，纳入技术档案验收。设计变更未经批准的工程，一律不予验收和结算；

（6）因建设、设计、施工、监理、材料供货等单位引起的设计变更造成的投资损失，应按相关规定进行考核。

10. 安全管理

（1）自动控制采用 DCS/SIS 进行控制及联锁保护，同时设置火灾消防报警系统。

（2）采用 HAZOP 和 SIL 风险评价方法，识别和评估潜在的危险和操作问题，以确保系统、工艺或设备的安全性和可操作性。

（3）设置 DCS 系统对全厂包括主体装置、公用工程和辅助设施的所有工艺变量及设备运行状态数据采集和实时监控，并实现对可燃/有毒气体检测与报警。

（4）采用独立的冗余、容错并具有一定安全完整性等级的控制系统作为安全仪表系统，对各个工艺装置和设施实施安全监控。

（5）设置火灾消防报警系统实现厂区和建筑设施火灾检测、报警及消防联动。当火灾或其他灾害发生时，根据辅助操作台 ESD 触发按钮，通过 SIS 系统，关闭各工艺装置。

（6）设置消防给水系统。消防给水系统由消防水池、消防泵、消防给水管网、消防水炮和消火栓组成。消防水储存于厂内生产、消防给水站的消防水池。

（7）整个工艺过程在密闭状态下进行，装置区内有毒气体浓度将符合规范要求。所有设备和管道的强度、严密性及耐腐蚀性符合有关技术规范要求。在适当位置装设有可燃气体、有毒气体检测报警仪等设施。

（8）有毒化学物品装卸过程中，为操作人员配备了保护用品。

（9）在污水处理装置和循环水装置加药间、分析化验室有有毒气体排放的分析间等可能散发有毒气体的地方安装通风设施，在硫黄成型装置设置有通风和除尘设备。

（10）工厂设置空气呼吸器以及空气呼吸器用高压压缩空气充气泵。

（11）操作人员进入装置区时携带便携式有毒气体和可燃气体探测器，以保障人身安全。

（12）在厂区显著位置设置风向标，万一发生有毒气体泄漏时，便于人员安全撤离。

（13）厂区内设置一套防爆扩音通信系统，如发现酸气泄漏，通过中控室广播通知现场所有人员撤离。

（14）设置紧急截断阀，并与管线系统的压升和压降速率联锁，当压升、压降速率超过设定值时自动切断管线系统，亦可由控制中心远程控制关闭。

（15）站场设置可燃气体和硫化氢气体检测器。

（16）在站场在不同地点根据燃烧物的性质及火灾危险性配备一定数量的移动式灭火器材。

（17）管道选线时避开城镇规划区和工矿区等人口、设备密集区域，避开施工难段和不良工程地质地段。

（18）等级道路穿越采用顶管施工方式，顶管采用钢筋混凝土套管保护，套管顶至路面埋深大于 1.2m。

（19）管道河沟小型穿越根据不同地质条件，采用混凝土加重块连续覆盖或现浇混凝土稳管。

（20）管道与原有埋地输气管、电（光）缆、水管等交叉时，从原有管道下方 0.3m 通过。新管道与其他管道交叉处保证 0.3m 净空间距，为避免管道沉降不能满足间距要求，以及避免管道防腐层受损伤而发生交叉管道电气短路，采用绝缘材料垫隔（如汽车废外胎衬垫）；管线和电（光）缆交叉穿越的净空距离不低于 0.5m，电（光）缆用角钢保护。

（21）管道线路标志桩及警示带按相关标准设置。

（22）管材、管件、阀门类应具备抗腐蚀性能等要求，对钢管进行 SSC、HIC 试验。

第三节　高含硫气藏地面建设材料耐腐蚀要求

高含硫气藏地面建设的材料耐腐蚀要求是一个复杂而重要的问题，因为硫化物对许多金属和合金都具有强烈的腐蚀性。在这种环境中选择适当的材料和合适的防腐措施至关重要，以确保设施的安全性和持久性。以下是关于高含硫气藏地面建设设计理念中关于材料耐腐蚀要求。

一、材料的选择与耐腐蚀性

耐腐蚀性是材料选择的首要因素，特别是在高含硫气藏环境下。合金如奥氏体不锈钢（比如 304 钢和 316 钢）或镍基合金（如 Inconel 和 Hastelloy）常被选用，因为它们具有卓越的抗腐蚀性，能够有效抵抗硫化氢引起的腐蚀。合金中的元素，如铬和镍，赋予材料形成保护性氧化层的能力，从而提高了耐腐蚀性。此外，针对不同的腐蚀媒介，可以选择合金的不同组合，以满足具体工作环境的需求。考虑到硫化氢可能在高温条件下更为活跃，材料的高温耐腐蚀性也是一个重要考虑因素。在这方面，诸如镍基合金等高温合金显示出优越的性能。定期检测设备表面的腐蚀状况，以及使用先进的防腐涂层或材料来增强耐腐蚀性，是确保设备长期稳定运行的关键。工程师通常会使用腐蚀模型和实验数据，以便更好地预测在具体操作条件下材料的腐蚀性能，并进行相应的材料选择。

二、高温稳定性

在处理高含硫气藏时，考虑到可能存在高温环境，选用具有出色高温稳定性的材料至关重要。这包括高温合金，如 Hastelloy 等，其在高温下仍能保持力学性能和化学稳定性。与传统的奥氏体不锈钢相比，高温合金通常能够承受更高的温度，因此在高含硫气体处理的高温反应器和管道中得到广泛应用。确保选用的材料在操作温度范围内不会发生相变或显著的力学性能变化，这有助于维持设备的可靠性。使用热处理和合适的合金设计，以增强材料的高温强度和稳定性。在工程设计中，对设备进行热力学和热传导分析，以确保在高温条件下设备的稳定性和安全性。

三、机械强度

设备所使用的材料必须具备足够的机械强度,以承受高含硫气体处理过程中可能存在的高压和机械应力。机械强度不仅仅包括静态负荷的考虑,还需要考虑设备在操作过程中可能经历的疲劳、冲击和振动等因素。使用高强度合金或经过特殊处理的材料,以提高设备的抗机械疲劳性能。在工程设计中,进行有限元分析和模拟,以评估设备在实际操作条件下的机械性能,并优化结构设计。定期进行非破坏性测试(NDT)和机械性能测试,以确保设备的机械强度得到维持。

四、耐磨性

由于硫化氢气体可能导致设备表面的磨损,耐磨性成为材料选择的重要考虑因素。使用具有较高硬度和耐磨性的材料,如陶瓷涂层、硬质合金等,以减缓设备表面的磨损过程。对于一些关键部件,可能需要考虑使用额外的耐磨涂层或表面处理,以延长其使用寿命。在工程设计中,通过考虑颗粒流动和摩擦等因素,优化设备的结构,减少磨损的发生和程度。定期监测设备表面的磨损情况,采取必要的预防措施,如更换受损部件或修复磨损表面。

五、化学稳定性

材料在硫化氢环境中必须保持化学稳定性,不应发生不可逆的化学变化,以确保设备长期运行的可靠性。对于含有玻璃衬里或陶瓷涂层的材料,确保这些材料在硫化氢和其他硫化物存在的情况下不会发生化学反应,影响其稳定性。在工程设计中,通过详细的化学分析,评估材料在硫化氢环境中的化学相容性。

六、防腐涂层和表面处理

在处理高含硫气藏时,防腐涂层和表面处理是确保设备长期稳定运行的关键因素。首先,选择高效的防腐涂层至关重要。环氧树脂、聚氨酯或氟聚合物涂层都是耐腐蚀性能较好的选择。这些涂层能够形成附着力强、抗腐蚀性好的保护层,有效防止硫化氢对设备表面的侵蚀。除了选择合适的防腐涂层外,表面处理也是重要的一环。机械抛光、喷砂和化学处理等技术可以改善材料表面的光洁度和化学特性,提高其抗腐蚀性。通过定期检查涂层的状况,并进行维护和修复,可以确保其在硫化氢环境中持续发挥保护作用。

七、腐蚀监测和预防

为了有效应对硫化氢导致的腐蚀问题，需要实施全面的腐蚀监测系统。这包括使用腐蚀速率测量和无损检测技术，以及定期对设备进行检查。先进的监测仪器，如超声波探测器和电化学腐蚀仪，能够及时发现并解决潜在的腐蚀问题。为了更全面地预防腐蚀，可以采用预防性维护策略。这包括定期清洗设备内部，控制操作温度和压力，以使硫化氢对设备的不良影响最小化。此外，缓蚀剂和缓蚀涂层技术也可以用于降低硫化氢对设备的腐蚀影响。

八、工程设计和模拟

在设备的工程设计阶段，进行详尽的模拟和分析是确保设备在不同操作条件下性能稳定的关键步骤。计算流体力学（CFD）和有限元分析（FEA）等工具可以用于模拟硫化氢流动、温度分布和机械应力，以优化设备的设计。考虑材料的热膨胀系数是防止设备在温度变化时发生过度应力的重要因素。通过模拟软件，可以优化设备的结构和布局，以提高其性能和可靠性。这种全面的工程设计方法确保设备在实际运行中能够有效地应对各种环境条件。

九、环境监测和控制

在高含硫气藏处理设备中，环境监测和控制是维护设备性能的关键。实施环境监测系统，监测硫化氢和其他有害气体的浓度，可以及时采取措施防止腐蚀的发生。设备应具备自动控制系统，根据环境条件实时调整操作参数，以使硫化氢对设备的影响最小化。确保通风系统的有效性，以及对废气的适当处理，有助于防止有害气体对设备和环境造成不良影响。定期进行环境监测报告和设备性能评估，有助于确保设备在变化的工作环境中仍然能够有效运行。

十、人员培训和安全标准

最后，人员培训和安全标准是确保高含硫气藏处理设备安全运行的不可或缺的一环。建立严格的安全标准，确保设备的设计、安装和维护符合行业和法规要求。对操作人员进行全面的培训，使其了解硫化氢处理设备的特殊要求，以及应对紧急情况的措施。制定应急计划，明确设备故障、腐蚀或泄漏情况下的紧急处理程序。定期进行安全培训和演练，提高人员对硫化氢处理设备安全操作的意识和能力。持续改进安全管理系统，根据事故和经验教训，更新安全标准和操作流程，以确保设备运行期间人员的安全。通过综合考虑上述因素,设计和选择适当的材料,实施科学合理的工程设计和维护策略,可以最大程度地确保高含硫气藏处理设备的稳定运行、长寿命和安全性。这种全面的方法有助于降低维护成本,延长设备寿命,提高生产效率,同时确保人员和环境的安全。

第四节 高含硫气藏地面建设工程评价

高含硫气藏地面建设工程评价是对该工程进行综合分析和判断的过程,涉及工程的设计、施工、设备选用、环境保护等多个方面。以下是对高含硫气藏地面建设工程评价的一些关键点。

一、工程设计和执行评价

地面建设工程的成功与否在很大程度上取决于其设计的合理性和执行的质量,需要充分考虑气藏的地质特征、井口设计、管道布局等因素。首先,设计的合理性决定了工程能否有效地满足高含硫气藏的要求。工程设计应该充分考虑硫化物的去除和处理,确保系统在各种工作条件下都能稳定运行。此外,施工的执行过程也至关重要。工程进度、质量控制以及安全管理都是需要仔细监测和评估的方面,以确保地面建设工程能够按照计划顺利进行。合理的项目管理计划、监测系统和变更管理机制能够有效降低施工风险,确保工程按时完成且符合质量标准。

二、硫气处理系统评价

硫气处理系统的效率直接关系到对含硫气体的处理效果。评估系统的处理效率是确保高含硫气藏地面建设工程成功的关键因素之一。此外,为了提高系统效率,可能需要考虑硫废弃物的再利用或处置。系统应具备实时监测和控制功能,以应对气体成分的变化。在系统运行中,定期的维护和检修是保持系统高效运行的关键,预防和及时处理设备故障至关重要。采用先进的硫气处理技术对于提高处理效率和减少环境影响至关重要。这可能包括物理、化学或生物方法,具体选择应该取决于气藏的特性和地方法规。

三、环境监测和保护评价

有效的环境监测系统是确保地面建设工程符合环境法规和标准的重要手段。环境监测应包括对空气质量、水体质量、土壤污染等多个方面的监测。监测系统应该覆盖气体排放、水质、土壤等关键参数，并能够提供实时的监测数据。此外，项目应该采取一系列的环境保护措施，以减少或防止对周边环境的负面影响。这可能包括采用低排放技术、建立防污染设备、制定废物处理计划等。与相关环保部门合作，确保工程符合法规要求，是环境保护的一个重要方面。

四、社会影响评价

地面建设工程对周边社区的影响需要进行全面评估。这包括噪声、交通、土地使用等各个方面。与社区建立积极的关系，并确保项目决策过程中有充分的社会参与，是减轻潜在冲突的重要手段。透明度和有效的沟通可以帮助社区理解项目的意义，并在可能的情况下减少负面影响。

五、经济效益评价

地面建设工程的经济可行性是一个至关重要的方面。投资回报率应该在项目周期内达到可接受的水平，同时确保成本和效益之间取得适当的平衡。项目经济效益的评估应该考虑到不同的因素，包括能源价格波动、市场需求变化以及可能的技术创新。

第五节　案例说明

一、某天然气净化厂商品气总硫达标改造工程

该工程主要采用中国标准，中国标准不足以满足应用要求时，将选择性采用国际标准和雪佛龙公司的标准，设计参考标准/文件见表3.1。

表3.1　设计参考标准/文件

序号	参考文件	某作业分公司文件号
1	雪佛龙防火手册	某作业分公司-0000-TEC-MAN-UEC-000-00001-00
2	SID-SU-5106-a 设计安全手册（中文版）附录	某作业分公司-0000-HES-SID-UEC-000-00002-00
3	某气田天然气项目 设计安全（SID）应用指南	某作业分公司-0000-HES-SID-UEC-000-00003-00
4	某气田天然气项目项目紧急停车原理（ESD）	某作业分公司-0000-OPS-PHL-UEC-000-00008-00
5	某气田天然气项目编号编码规范	某作业分公司-0000-ITM-SPC-UEC-000-00003-00

二、某气田项目设计

某气田项目设计理念的执行分为五个阶段,每个阶段内容和要求各有不同,见表3.2。

表3.2 项目设计理念及各阶段内容要求

阶段	机会识别	方案制定和选择	初步设计	项目执行（详细设计）	操作
目标	（1）设计框架；战略、商务、商业案例。（2）开展初步评估；（3）开展初步总体设计；（4）设计第二阶段；（5）寻求和整合收获	（1）验证商务案例；战略、商务、框架。（2）制定方案；（3）定义每个方案的内容；（4）开始初步的实施和执行计划；（5）初步评估价值；（6）选择和锁定方案；（7）计划第三阶段；（8）识别、分享和整合收获	（1）提炼商务案例；（2）全面定义和确定范围；（3）开始最终的实施和执行计划；（4）确定价值和致力于业务指标；（5）识别、分享和整合收获	（1）固定商业计划；（2）执行实施和执行计划；（3）最终确定操作计划；（4）识别、分享和整合收获	（1）执行商业计划；（2）操作资产；（3）跟踪和评估性能；（4）识别新的机会；（5）识别、分享和整合收获

设计对项目价值的影响如图3.1所示。

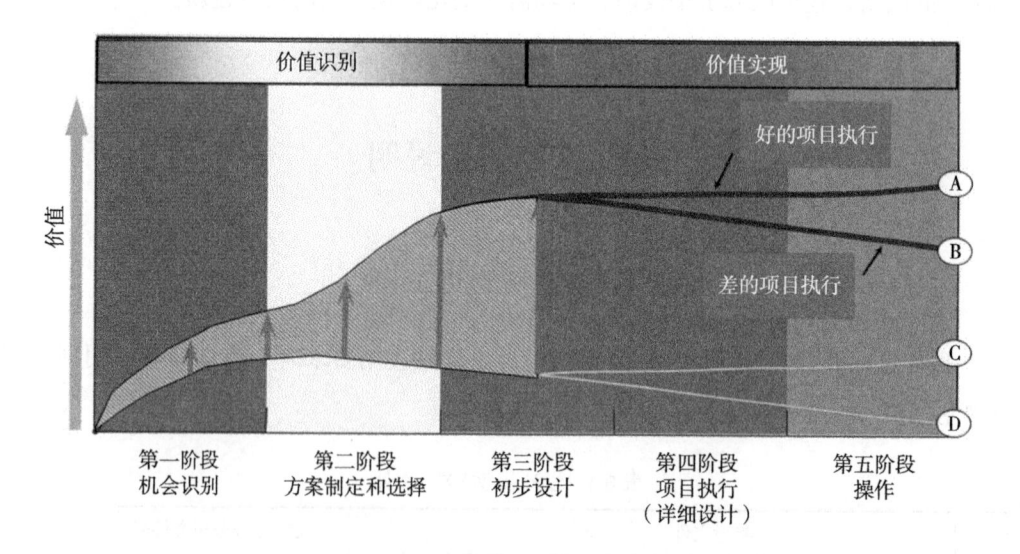

图3.1 设计对项目价值的影响

参考文献

[1] 中国石油学会质量可靠性专业委员会.石油工程质量可靠性研究与应用[M].北京：石油工业出版社，1996.

[2] 文绍牧，贾长青，李宏，等.中国石油陆上首个高含硫气田国际合作项目开发理念及管理模式[J].天然气工业，2021，41（10）：58-68.

[3] 王寿平，彭鑫岭，吕清林，等.普光智能气田整体架构设计与实施[J].天然气工业，2018，38（10）：38-46.

[4] 熊钢，胡勇，傅敬强，等.高含硫天然气净化技术新进展与发展方向[J].天然气工业，2023，43（9）：34-48.

[5] 杨晓燕，杨晓光，宛越新.数字化设计在油田地面工程中的应用[J].化工设计通讯，2022，48（5）：29-31.

第四章 高含硫气藏地面建设物资管理

第一节 高含硫气藏地面建设物资管理概述

一、物资管理理念与制度

高含硫气藏地面建设物资管理以提高保障效率、提升管理效益为目标，精准计划管理，缩短采购周期，开拓供应渠道，建立高效稳定低成本的物资供应网络。根据高含硫气藏地面建设的物资管理制度要求，相关部门需要在工作中制定一系列物资管理规章制度。项目物资管理体系文件主要包括项目的物资管理办法、控制程序文件、采购运输流程、库房管理制度、岗位责任、运输管理、标准表单等。

二、物资管理机构与职能

高含硫气藏地面建设物资管理机构为四级立体结构，项目经理作为项目第一责任人为第一级；主管物资工作项目副经理为第二级；后勤保障部及后勤保障基地为第三级；需求部门为第四级。

（1）后勤保障部。该部门是物资管理的职能部门，主要负责物资计划的编制和审批、采购、供应业务管理；负责贯彻落实有关物资管理的规定和方针政策；负责制定物资管理工作流程和管理办法，并监督实施；负责对各需求部门的物资计划、仓储及物耗管理等工作实施业务指导，并进行监督、检查；负责供货商资质认证及供应服务网络的管理；负责物资统计管理；负责施工作业及生产经营所需物资的采购、仓储、配送的管理；负责基地库的建设和管理工作；负责物资信息统计汇总及上报工作。

（2）后勤保障基地。该部门主要负责项目公共物资计划提报、到货物资验收、入库出库手续办理、需求部门生产物资配送及物资信息化系统应用。

（3）需求部门。需求部门实行部门主管负责制，专业工程师管理出入库，需求部门物资管理主要监督人为部门负责人。各部门根据单位情况，可设兼职材料员，成立以部门负责人（或第一负责人）为组长，由兼职材料员、机械师、电气师等人员参加的物资管理小组。

三、物资管理环节与流程

1. 物资计划提报与审批

项目的物资计划提报本着集中提报、月度控制、急料补充的方针，分为半年计划、月度计划、当地采购计划、紧急倒班带料计划。

项目需求部门根据项目进度计划安排每年提报两次半年计划，根据项目进度变化提报有额度控制的月度计划，根据项目应急需求提报紧急计划。

物资计划由需求部门提报后，项目后保部进行初审，主要审核物资编码、物资类别、物资规格及型号、技术参数、材料选择、物资数量和单价、资产或材料划分等信息，审核完毕后履行项目内部审批手续，然后报总部物资管理部进行审核。物资管理部审核物资采购预算、物资编码是否有效，有疑义材料对项目进行函询，计划审核完毕后根据采购岗位设置，将物资计划分发至不同的专项物资采购岗执行。

2. 物资计划当地采购

项目当地物资采购在提报计划时就需要明确标示该计划为当地采购需求，只有当地采购目录上的物资可以执行当地采购，采购目录物资项目需要提前向总部提出申请，并获得批复。

当地采购的物资通常是具有经济可采性物资，或者有供应时间要求，或难以存放和处置，或存在进口限制，或不方便运输的物资。

3. 采购招标及供应商选择

项目需要执行公开招标程序并确定采购方式，并在专门网站进行公示采购方式，具体方式包括公开招标、竞争性谈判、询价、单一来源、简易采购流程、紧急采购等，针对不同的采购方式，还应制定相应的审查及选择供应商的标准，该程序通常需要一到两个月才能够完成。不同产品的供应商有上千家，这给招标工作带来繁重的工作量，同时招标过程中的资质审核、招标信息传递、招标结果复议等拉长了招标时间。

4. 物资定商后程序

项目部门与供应商定商后，应进行采购物资的制造质量管控、派驻监造、召开开工预检会或开工会（包括技术交底会）、制造前的文件审查、制造过程质量文件审查、见证相关停检点和测试并审查测试报告（包括性能试验）、出厂测试验收（含 FAT）、审查质证文件等管理程序。

物资采购手续完成后，就面临着运输等程序，运输主要涉及运输方式选择、标准箱运输或散货运输、运输代理选择、运输保险等问题。需要提前安排运输车辆和规划行车路线，确保物资能及时、安全、完整运抵库房或生产现场，不会产生滞留费用、运输途中不发生丢失或毁损。

此外，对于物资包装，检查员要确保提交检验的设备、装置由生产商进行恰当识别，以便于在发布的报告中不会混淆。在报告或证书中必须有清晰的独一无二的识别标记。在任何时候检查员都将提供如下形式的识别标记：钢印、自粘铭牌、标签、环箍、铅封等。

5. 物资进销存管理

项目的物资验收主要是由后勤保障基地统一进行，然后根据生产安排将新到物资存入库房或运送到生产现场。项目管理团队施工组应确保：承包商、供应商和/或第三方检查公司应鉴定并保持货物追溯跟进记录，以注明货物检查测试状态。物资到达目的地后，首先要进行物资验收，验收时应对其质量体系评价报告、质量体系符合性审查报告、审查不符合报告、设计审核报告、非现场检验报告、质量监督报告以及检验不符合报告等关键文件进行审查，对于不合格物资以及不符合当前状况的细节做好检验的不符合性记录。项目检验不符合性记录信息需定期递交给供应商。

不合格物资的审查应严格依照适用程序进行，程序中包括下列参考处置措施：

（1）对相关产品进行重新加工，以达到规定要求；

（2）照用——无需做任何修理或妥协即可使用；

（3）对相关产品进行修理——该措施使用替代方法并要求对使用货物重新定级；

（4）拒收——将货物定为废料，禁止使用。

每月根据各基层队伍生产需求，安排物资的出库和配送，确保生产物资及时到位。每月末由各基层队对本队物资入库、出库及库存进行核对，确保账实一致。对库存实物进行盘点，制作库存物资盘点表。

高含硫气藏地面建设物资管理现主要分为三块。一是物资仓储基地，主要是集中采购部分和各单位物资暂时存放；二是各井队和其他作业队伍现场库房；三是钻井液材料库房，由甲方提供场地和负责日常仓储管理。项目物资仓储基地管理人员有3名，1名基地经理和2名库房主管。仓储物资管理包括日常维护、盘点保养、消防安全、出入库登记，仓储物资必须遮阳避雨，上铺下垫，防潮防盐雾腐蚀。

6. 物资信息系统应用

高含硫气藏地面建设物资管理现安排采用ERP物资管理系统，但由于部分地区网络条件限制，项目只能使用离线版，这给项目物资编码查询、系统维护、计划提报、供应商选择带来了相当大的不便。该系统支持物资计划提报与审批、物资出入库管理、物资库龄查询等。由于是离线版，只能在某台固定的计算机上能够进行这些操作，而且人员培训不到位，项目仅有少数人员可以正确操作该系统，物资信息系统在项目的使用未得到普及。

第二节　高含硫气藏地面建设材料质量管控管理

质量管理的目标是积极主动地确定预防方法，强调开展工作"一次成功"。质量计划如果被相关方充分理解、有效执行，将是保证项目成功的关键。项目质量计划有效地执行将有效支持管理层"安全执行"的总目标，按计划时间表以高质量的方式完成项目建设。

一、材料质量管控管理要求

高含硫气藏地面工程材料质量管控管理是指通过科学的管理手段，对高含硫气藏地面工程所使用的设备和材料进行质量监控，确保材料质量符合项目技术规格书和项目执行的标准规范的要求，从而提高工程建设的安全性、可靠性和经济效益。由于高含硫气藏地面工程存在着复杂的地质和环境条件，对材料的质量管控十分重要。这需要建立完善的材料质量管控体系，包括从材料选型、采购、制造过程的质量管控、运输、验收、使用到保管等全过程的质量控制，以确保工程建设过程中材料的品质稳定和安全性。

1. 完善的材料选型和采购体系

建立完善的设备和材料选型和采购体系。根据项目的技术规格书、项目执行的标准规范的要求和环境条件选择符合要求的材料，并进行综合评价，包括材料的理化性能、耐腐蚀性能、金相及无损检测等相关的测试要求方面的考虑。在采购过程中，需要建立严格的供应商管理机制，对供应商的资质、类似工况业绩、信誉、质量管理体系等进行审核，确保采购的材料符合质量要求，此外还需要对新推荐的供应商进行资质审查、问卷调查和工厂现场审计、调查。

2. 制造过程的监督和管控

项目管理团队应确保承包商或供应商制定相关程序并保留程序文件记录，包括：获批检查和测试活动规划。由独立检查机构（依照中国境内的相关合同要求，有权实施监督和检查业务的相关公司）来实施相关检查活动情况下，承包商仍然需要遵守适当的检查和测试要求并保证其作业质量。

相关承包商应确保依照相关程序遵守必要的见证点和停止待检点要求。项目管理团队施工经理应负责审查承包商的努力成果以及承包商与工序前（接受检查物料控制等）、工序中和最后施工作业过程中实施检查测试作业的承包商工作人员之间的日常接触情况。

项目管理团队施工组还应负责依照适用中国法规与指定承约第三方监督检查公司进行日常接触并提供相应指导。通过存档记录检查和测试来确保对所有重要物料和设备的检查和验收，严格依照获批质量系统和质量规划进行。有时可能会用到补充施工程序。

3. 材料运输和保管管理

对材料的运输和保管进行管理。在运输过程中，需编写包装要求和审查供应商的包装运输方案，审查通过后按照方案执行，保证材料在运输中不受损坏或污染。同时，在保管过程中，需要建立合理的库存管理和保管制度，定期进行检查和保养，确保材料的质量稳定和安全性。

4. 材料验收和检测

对于材料入库前的验收和检测，应对其包装和外观、规格型号进行检查，清点数量，审查质证文件和测试报告、第三方监检机构出具的放行单（若有），按照要求比例进行PMI检测和硬度检测，并根据公司规定或者标准/规范规定的类别、比例和项目执行。在使用材料之前，应从实物、质量证明文件两个方面依据《技术规格书》以及ASTM、GB/T 9711、GB/T 20801、HG/T 20615等相关标准进行查证比对，对其进行质量检测和验收，确保材料的质量符合项目要求。同时，需要制定合理的检测计划和方法，建立检测档案和记录，以便日后的追溯和质量问题解决。

5. 材料使用和跟踪管理

要建立完善的材料使用和跟踪管理体系。在使用过程中，需要对材料进行跟踪监控，记录材料的使用情况、维护保养情况等，及时发现和解决问题，确保工程的质量和安全，尤其是像管道这些可能在施工中被截断使用的，应提前做好材料标识的移植工作，避免材料混用。

6. 材料的维护和控制

（1）后勤保障团队负责编制设备和材料的盘点、控制和记录等相关的程序；

（2）在交接过程中，须对所有物资进行确认、验证、状态评估检查、控制、保管及维护，在某些情况下还将开展调整和维修工作；

（3）在具体的盘点过程中，若发现有任何损坏或不合格情况，应做记录，并从供货清单和合格材料库存中移除；

（4）应确保项目所用的全部物资都已加以标记且采取了保护措施，防止擅自处理。应对物资进行整理，便于查找、维护和妥善储存，防止变质。物资的搬运应符合通常做法。应根据厂家使用说明或机械说明书编制监控程序。若发现有任何物资不合格情况，应将其记录并上报；

（5）物资管理程序应确保所有购进的物资只有在接受检查或已确认符合采购文件相关要求之后才能够发放或使用（见检查与测试）。该验证工作应包括对相关文件的检查，且应按照质量计划和现有程序执行。若有任何不合格的情况，应根据本质量计划有关不合格情况的章节对其进行完全确认、记录和控制；

（6）对于仓库领料，应建立一个适当的文件来规定。

7. 产品标识和追踪

（1）后勤保障团队牵头对现有监管物料进行评估；

（2）文件记录和程序应规定相关执行步骤，以确保目前监管下的物料和设备能够达到标准规范或设计要求的最低要求，并能够追溯到合格的质证资料；

（3）对于关键材料，应根据其规格、类型和等级情况制定相关程序和方案。这一点对于合金管道、阀门、压力容器及其他特种设备尤其重要。如有必要，应对物料和/或货物批次单独做特殊存档标识处理，并贴上唯一标识符。物料仓储应根据物料类型区别进行，以防止标识缺失；

（4）施工单位应负责保障领取的物料或设备标识和隔离情况良好。施工验收检查应依据施工程序规定，核实验证整个安装过程中物料或设备标识保存完好，并在使用过程中，应做好材料标识的移植。

8. 特殊工艺控制

（1）与开发、施工和安装作业相关的特殊工艺（焊接、无损检测、热处理、特殊涂层、检定检验、化学清洗等）应实施控制；

（2）会对质量产生直接影响的作业活动应安排在规定控制条件下进行，并应进行系统规划及持续评估；

（3）作业工艺、作业人员和设备应进行记录。确保上述工艺程序执行前应获得相关团队或部门的批准；

（4）承包商和供应商应建立必要的资格认证系统，用于对无损检测人员、焊接人员及焊接程序进行审查认证。作业前应对资质开展审查，对承包商公司资质、无损检测人员和焊工人员的资质进行审查，审查焊接工艺（WPS/PQR）、工艺规程以及制造工艺评定（MPS/MPQ）是否满足要求；

（5）上述特殊工艺控制条件包括但不仅限于：

①程序缺失的情况下会对产品质量产生不利影响的生产、安装或服务作业；

②提供适当的设备；

③遵守参考法规和标准；

④监测并控制适当的工艺参数；

⑤对工艺和设备进行预审批（制造工艺规程、焊接工艺规程、无损检测工艺、工作人员资格认证记录、焊接工艺评定、焊后热处理等）；

⑥工作准测（验收标准）标准明确。

9. 检查和测试

（1）项目管理团队应确保承包商或供应商编制和提交检验测试计划（ITP），包括检测计划和试验活动项，且明确检验控制点（R点、H点、W点、V/M点）。再由监造机构按照采购包的监造规则和ITP的要求实施制造过程的监检，实施相关检查活动情况下，不解除承包商遵守适当的检查和测试要求、保证其制造/作业质量的责任。

（2）相关承包商应确保依照相关程序遵守必要的见证点和停检点要求。

（3）施工管理团队应负责评估承包商的工作成果，包括工序前（检查准备，物料控制等）、工序中和施工作业过程。

（4）施工管理团队还应负责日常沟通并提供相应指导。应通过过程资料检查和测试，确保重要设备材料的检查和验收，严格按现行的质量系统和质量计划进行。

（5）供应商/承包商（包括第三方监造机构）应同施工管理团队一起对所有检查活动实施监督，并应对现场检查人员编制的检查和测试记录实施保存和控制，这些检查和测试记录应证明货物、物料、设备或服务已依照设计、验收标准通过相关检查或测试。如果可行，还应纳入与购货单相关的制造和检验报告。

（6）质量管理团队应通过质量监督手段，定期对施工和安装（包括检查作业）进行审查，从而为质量计划的执行提供强有力的保证，此外还需要对设备及材料进行出厂前的验收的测试，并对制造过程的资料、测试报告以及程序文件进行审查。

10. 接收检查

（1）后勤保障部应组织对物料或设备实施入库验收（直达现场的物料需在现场开展检查验收），供应商、项目设计管理团队、质量管理团队参与验收；

（2）紧急放行的物资应依照质量规划有关不合格情况进行标识和处理。

11. 最终检查

承包商或供应商应依照相关获批的质量计划、检验/测试方案、存档备案程序及机械竣工进度表实施最终检查。最终检查程序要求确保所有规定工序前（接收）和工序中检查和测试已完成并验收。安排并备妥相关存档文件，并明确记录通过或者没有通过验收。记录中应确定验收的主管部门。

12. 测量和测试设备管控

（1）供应商/承包商或其他施工、安装、测试或服务作业人员应制定并执行检定、校准、维护测量/测试设备的程序，以保持测量、测试结果可信且符合要求。该要求适用于制造、安装和预调试作业全过程。合同文件应约定上述要求。应选用具有必要的准确性和精确度的产品。

（2）对测量和测试设备及装置实施的管控应包括：依照国外或国内标准定期进行认证和检定，检定周期也可采纳设备制造商的建议，并记录。如果使用测试软件或硬件比对进行校准，应对其进行验证。

（3）管控和检定记录应注明设备型号、唯一标识编号、位置、检定状态、验收标准和检定频率。针对设备签出和返还情况建立记录簿。

（4）校准/检定服务的采购文件中应规定设备型号、唯一标识编号、位置、检查频率、检查方法、验收标准、校正前/校正后状况以及针对不合格结果的处理措施。采购文件应要求检定证书包含上述信息。检定作业应在合适的环境下进行。

（5）测量和测试设备搬运、保存和仓储过程中应能够确保准确性和可用性。承包商或供应商应保障所有测量和测试软件及硬件不会因为调整导致相关的设置无效。

13. 检查和测试状态

施工管理团队应确保：承包商、供应商和/或第三方检查公司应识别并保持物资的检查测试状态，即货物符合还是不符合规定。收货、仓储、安装、测试和调试各阶段都应使用并保持上述记录，从而确保，只有通过必要检查和测试的产品才可用于施工。

二、相关文件管控管理要求

1. 合同审核

后勤保障部负责对招投标进行管理。后勤保障部应与施工管理团队、质量管理团队沟通，完善标准合同文本之外的特殊条款。应在正式签订合同之前审核识别供方与需求方的偏差。合同中质量保证（QA）的补充附录应按要求使用。

在正式合同签订前，项目技术管理团队应与供应商讨论和签订技术协议，纳入合同附件，且需要对每个合同进行审核，以确保要求得到合理阐述、记录。

2. 设计管理

应保证工程设计活动符合指定的要求，并从最初的计划阶段到最后的输出阶段都得到了记录。相关工程项目管理团队将组织对阶段性成果的审查、批准最终成果的发布。采购部门和设计团队应对采购技术文件的版本和文件数量进行核对，如设计文件还没有达到用于采购的版本，则需要设计团队督促设计单位尽快升版文件用于采购。

对于设计变更控制方面的问题，可按照以下三个部分进行管理：

（1）应建立一项工程设计系统，用于对所有设计变更进行确认和控制。这些变更可能来自项目管理团队内部，也有可能来自供应商、承包商、施工现场或其他方面。应适当地记录、执行设计变更，并将其告知给所有受影响方。

（2）设计小组负责确认设计变更的影响已经被相关方评估。设计变更事项应按照现行设计变更程序进行批准，明确记录、传达，并与原始设计文件一起归档。

（3）根据设计变更管理程序对所有设计变更的实施情况进行管理，随时掌握设计变更情况，将设计变更及时、准确纳入竣工图。

3. 文件和数据控制

（1）项目管理团队应通过适当的程序和数据库建立对文件和数据的控制，以保证本质量计划所要求的所有数据的审批、可追溯性、状况及管理（受控）。文件和数据可以存在于任何形式的媒体中，无论是打印版还是电子版。该记录管理系统包括但不限于：

①项目质量计划；

②项目程序；

③采购单和物资需求计划；

④合同；

⑤图纸；

⑥数据表；

⑦向外部提交的文件；

⑧说明书、规范及国家法规要求；

⑨制造过程的质证文件和测试报告；

⑩其他指定的项目。

（2）应由经授权的人员在文件和数据发布前对其进行审核和验收，检查其正确性。这些文件和数据包括一个总清单、数据库或其他确保可随时查看状态（修订、设计审阅或草拟阶段等）。文件所有的变更事项应视情况附在文件后或在文中注明，以供参考。所有文件应包括版本号和相应项目号，号码应清晰可辨，日期也要注明，且易辨认。该系统应防止使用无效或过期文件。

（3）无效文件应立即从所有发放或使用的地点移除，防止被错误使用。出于法定或知识保存目的而保留的所有文件应在文件系统中进行适当的标记。其中已被替代的文件应明确标记。

4. 已批准供应商清单

（1）项目流程应按照《供应商全生命周期管理程序》相关要求执行。

（2）已批准供应商清单应按照经批准的资格认证流程进行组织。

（3）供应商批准的程序应包括与供应范围相关的评估和资格认证依据，可能以下资料为基础，包括可获取的以往类似工况业绩、材料供应资格认证、预审和调查表、采访、调查及设施审查、财务状况、客户清单及调查、质量认证或其他方法。最关键的是该程序内容应确保已批准供方的次级供应商所提供的指定关键设备和材料已经过适当的调查且合格。

（4）基于后勤保障部编制的供应商资格认证程序须对供应商或承包商质量体系（包括建立和维护质量文件在内的具体质量要求）评估。

5. 采购文件

（1）采购文件，包括物资需求计划、订购单或合同，应对所订购的材料、设备或服务进行清晰描述，还包括所需的工程设计、采购或合同文件要求等内容。所有现行质量保证（QA）、质量控制（QC）要求，包括检查、测试、检验及记录工作应在物资需求计划和/或采购文件/合同中注明。

（2）需求计划应包括材料的类别、形式、规格型号、技术参数、等级等适当的可追溯要求和辨识方法。现行说明、图纸、工艺要求、检查指导书及其他相关技术资料应在文件中注明。文件还应包括其他要求，如产品或设备合格证、制造程序、加工设备及人员资格认证等。文件中应引用供应商工厂的质量监督及其他必要的规范或标准，注明版本及年份。应对关键设计或质量文件进行审查和评价。

（3）应规定项目管理团队中的执行部门对所有的采购文件进行审查，其中后勤保障部负责审核供应的性质。采购文件应明确项目管理团队（PMT）及指派的人员有权在供应商或次级供应商厂区开展供货检验工作，以保障产品质量。应在采购文件中注明，该检验工作不免除供应商对其产品质量所负有的责任、不妨碍项目管理团队在今后退回其产品或服务。

（4）工厂设备或材料的供应商可能需要在开展制造工作之前提交一份质量计划、检验测试计划（ITP）供审查和评价，次级供应商也包括在内。

（5）编制工厂设备的检验测试计划是为了了解供应商如何控制自查活动以及编入见证和停检点。可将合同的附加质量保证（QA）条款作为指导。

（6）任何对供应订单/合同的修改应按已有程序进行审核。

第三节 高含硫气藏地面建设采购流程控制措施

高含硫气藏地面工程采购流程管控管理的总体目标是确保采购过程的透明、公正、高效，同时确保采购的质量、安全和合规性。该过程涉及多个环节，包括采购需求分析、采购计划制定、供应商选择、采购合同签订、采购执行和验收等。

一、采购需求分析

高含硫气藏地面建设物资管理采购需求分析，是针对高含硫气藏地面建设项目中的物资管理采购需求进行的详细分析。需求分析是采购流程的第一步，主要目的是根据项目需要，明确采购的目的、采购品目、数量和质量要求等。在该阶段，需要确定采购的具体需求，包括技术参数、数量、交付时间、质量标准、服务要求等。同时，需要进行供应市场分析，了解供应商情况和市场行情。

对于高含硫气藏地面工程物资采购来说，需要考虑设备和工具的使用寿命、维护保养成本、可靠性等，选择符合环保要求、耐高温、耐腐蚀、稳定性好的设备和工具。

二、采购计划制定

高含硫气藏地面建设物资管理采购计划制定是在项目需求分析的基础上，制定物资采购的具体计划。该计划需要考虑项目的进度、现金流情况、供应商的交货周期等因素，以确保物资采购的及时性和有效性。具体而言，采购计划应包括以下几个方面：

（1）确定采购的物资种类和数量。根据项目需求和供应商的能力和价格等因素综合考虑，确保所采购的物资符合质量要求，价格合理。

（2）制定物资采购时间表。确定每个物资采购的时间和顺序，以便及时供应和避免过多的库存。

（3）制定物资采购预算。包括采购成本、运输成本、关税、保险费等各种费用，确保物资采购的成本控制在预算范围内。

通过合理制定采购计划，可以有效地控制物资采购成本，确保物资采购的及时性和有效性，从而保证高含硫气藏地面建设项目的顺利进行。

三、供应商选择

高含硫气藏地面建设物资管理采购供应商选择是一个非常重要的环节，关系到整个项目的质量、成本和进度。在该阶段，需要根据采购需求，对供应商进行评估和筛选，评估的标准包括供应商的技术能力、制造能力、资质、信誉、类似工况业绩、价格、交货期等。

在选择供应商时，需要考虑以下几个因素：

（1）供应商的能力和信誉度。包括设计和制造能力、类似工况业绩、交货周期、质量管理能力、售后服务等方面。

（2）供应商的价格和成本。包括物资采购成本、运输成本、关税、保险费等各种费用。

（3）供应商的地理位置和交通便利程度，以便及时供应物资。

（4）供应商的合作意愿和配合程度。以便更好地协调项目中的各个环节。

在选择供应商时，若在公司入网的供应商中有业绩、能力满足需求且数量足够时，可优先选择入网名单中的供应商进行投标。此外可以采用公开招标、邀请招标（竞争性谈判）、询价、单一来源、简易采购流程、紧急采购等方式，通过多个供应商之间的比较，选择最符合项目需求的供应商。此外，可以采用长期合作的方式，建立长期稳定的供应关系，以便更好地保证物资供应的质量和及时性。通过科学的供应商选择，可以有效地控制物资采购成本，提高物资采购的及时性和有效性，从而保证高含硫气藏地面建设项目的顺利进行。

四、采购合同签订

在确定了供应商之后，需要与供应商签订技术协议以及采购合同。该合同应明确采购的具体内容、价格、付款方式、交付时间、质量标准、保修期等。同时，需要确保采购合同符合法律法规和公司内部规定。

在签订合同时，需要注意以下几个方面：

（1）合同内容的准确性和完整性。包括物资名称、规格型号、技术参数、材料选择、数量、质量要求、价格、交货期限、保证金、违约责任等各种条款，此外，技术协议也应作为附件纳入采购合同。

（2）合同的法律效力和保密性。确保合同符合法律法规的规定，并保护项目的商业机密。

（3）合同的变更和解决争议的机制。以便在项目实施过程中出现问题时及时解决。

在签订合同时，采购方和供应商应当明确各自的权利和义务，建立良好的合作关系，并制定相应的执行计划和监督机制，确保合同的有效履行。同时，还应当在合同中规定监督和验收机制，以确保物资的质量符合要求，达到预期效果。通过合理签订合同，可以有效控制物资采购成本，保证物资采购的及时性和有效性，从而为高含硫气藏地面建设项目的顺利实施提供有力保障。

五、采购执行监控

高含硫气藏地面建设物资管理采购执行监控是指在采购合同签订后，对物资采购的执行过程进行全面监控和管理。合同签订后，需要制造商/供应商准备相关的工艺文件、质控文件及相关的检测/检验作业文件供买方审查，审查合格后召开开工预检会，明确制造过程质量控制、监造要求、技术澄清、不合格项管理要求、文件提交清单、文控管理流程、交货要求、包装和运输要求、备品备件要求、出厂验收（含FAT）要求以及制造过程中的平行检验（飞检）要求等，并且在采购合同的执行时，需按照上述要求执行相关管控。监控内容包括交付时间、质量标准、付款情况等。同时，需要进行供应商管理，确保供应商符合公司要求。

在采购执行监控过程中，需要注意以下几个方面：

（1）严格按照合同约定的物资数量、质量和交货期限进行监控，确保物资采购的及时性和质量符合要求。

（2）对于关键的采购物资，需要安排监造人员进行驻厂监造。

（3）确保物资采购过程中各项费用的控制和管理，包括运输费用、关税、保险费等各种费用。

（4）建立物资验收和问题处理机制，及时发现和解决物资采购过程中出现的问题。

在执行监控过程中，可以采用各种监控和管理工具，如进度管理、质量管理、成本管理、风险管理等，对物资采购执行过程进行全面监控和管理。同时，还需要建立相应的监控和管理机制，如物资验收和问题处理机制、供应商绩效评估机制等，以确保物资采购的质量和效益。通过科学的执行监控，可以有效控制物资采购成本，保证物资采购的及时性和有效性，从而为高含硫气藏地面建设项目的顺利实施提供有力保障。

六、采购到货验收

高含硫气藏地面建设物资管理采购物资到货后验收是指在完成物资采购并运抵库房或现场后，对物资进行全面检查和测试的过程，参加到货验收的人员包括：项目专业工程师和QA（Quality Assurance，品质保证）工程师、采购部门人员、设计人员、库房管理人员、监理工程师，验收内容包括质量、数量、规格型号及产品标识等。其目的在于确保物资的质量、数量、规格、标识等符合要求，以保证施工进程的顺利进行。同时，确保验收过程符合法律法规和公司内部规定。

在验收过程中，首先需要按照供应商文件清单对物资进行完工资料检查，确保产品符合项目设计要求。检查的内容包括数量是否正确、外观是否完好、标识是否清晰、质证文件及相关测试报告是否齐全、第三方监理工程师出具的放行通知单等方面。其次需要进行质量检验，对于完工资料审查时有异议的物资，可进行破坏性试验验证，包括物资的化学成分、物理性能、耐腐蚀性、防爆性能等方面的测试，同时还需审查监造人员是否对完工资料（各项检测、检验报告等）的真实性进行签字确认。最后，需要进行规格检验，确保物资符合规定的尺寸、型号、规格等要求。

在检查和测试过程中，发现问题的物资需要进行分类，纳入不合格项清单，并对不合格的物资进行处理。对于小问题可以进行修复、维修等方式解决，对于严重问题的物资则需要退回供应商，重新采购。

入库前验收至少应包括：审查物资到货验收报告、核对规格型号和数量、检查出厂放行通知单、外观检查、主要安装定位尺寸检查、法兰密封面检查、PMI检测（若需）、硬度检测（若需）等内容。总的来说，高含硫气藏地面建设物资管理采购后验收是一个保证物资质量的关键过程。只有通过全面的检查和测试，及时处理不合格物资，才能确保物资质量符合要求，保证施工的安全和顺利进行。

七、采购结算归档

高含硫气藏地面建设物资管理采购结算归档是指在完成物资采购、验收和使用后，对物资采购过程进行总结、结算和归档的过程。

在这个过程中，首先需要对物资采购过程进行总结。总结包括对采购流程、采购计划、采购合同、供应商档案等方面进行回顾和分析，以及总结采购过程中的问题和经验教训，为今后的采购提供参考和借鉴。其次，需要进行结算。结算是指对采购过程中的物资和费用进行核算和计算，包括发票审核、支付管理、账务处理等方面。结算的目的是保证采购过程中的费用和物资的准确性和合法性。最后，需要进行归档。归档是指将采购过程中的各种文件和资料进行整理、编目、存储和保管的过程。归档的目的是为今后的管理、审计和查阅提供方便。

对于物资验收入库管理，其验收流程主要包括入库物资一般性检验、入库物资理化检验以及直达料验收。

一般性物资入库验收主要针对以下几个方面进行查验：

（1）物资验收入库依据：采购合同或订货通知单、临时入库通知单。

（2）物资验收入库时间：零星物资到库后当天完成，批量大宗物资应在两天内完成。

（3）验收内容：包括各种资料检验、物资数量检验和外观质量检验。

（4）做好验收记录。

入库物资理化检验（PMI）主要按照以下两个流程进行：

①PMI必检物资：含有特殊成分的材料；已知承压或含真空的设备；重要备件的组件；请购的材料需要进行材料可靠性鉴定；高压和危险化学品和流体的遏制控制设备；安全设备，如消防水泵等（相关流程细节，可参照项目或企业相关标准执行）。PMI操作需要有资质的人员进行操作，包括入库物资、退料物资。

②物资外观检验完毕后，针对需进行理化检验的必检物资，仓库必须在物资到库后24小时之内，通知委托方或委托具备检验资质的机构进行检验，做好送检记录；仓库对送检结果保留用户或质检机构出具的书面通知或质检报告复印件。

总之，高含硫气藏地面建设物资管理采购结算归档是一个重要的管理过程，它不仅能够对采购过程进行全面、系统的管理，还能为今后的管理和决策提供重要的参考和依据。

综上所述，在进行采购流程管控管理时，需要对项目需求进行分析，确定所需物资的种类、数量和质量要求；对供应商进行分析，选择可靠的供应商；制定采购计划，确保物资采购的及时性和有效性；对采购的物资进行管理和控制，确保物资的安全性、可靠性和及时性；对采购的物资进行质量控制，确保物资符合相关标准和要求。上述措施将确保高含硫气藏地面建设物资采购和管理的顺利进行，以保证项目的质量、进度和成本。

第四节　高含硫气藏地面建设物资管理体系

物资管理体系通常包括物资采购、物资储存、物资配送、物资使用和废弃物处理。

一、物资采购体系

物资采购是物资管理的第一步。在采购过程中，需要考虑物资的品质、价格和供应商的信誉度等因素。同时，还需要注意与供应商的合同条款，确保物资的交付时间和质量满足项目需求。在高含硫气藏工程中，特别需要注意的是选择能够承受高含硫环境腐蚀的材料和设备。具体措施包括：

（1）建立采购管理制度，明确采购流程和各个环节的责任人；

（2）建立供应商管理制度，对供应商进行资质审核、评估和监控；

（3）建立采购合同审批制度，确保采购合同符合法律法规和公司内部规定；

（4）建立采购物品验收制度，确保采购物品符合质量和数量要求；

（5）建立采购物品结算和归档制度，确保结算和归档过程的准确性和规范性。

二、物资储存体系

物资储存是保证物资安全可靠的关键环节。在储存过程中，需要考虑物资的特性和储存环境，选择合适的储存设备和方法。同时，还需要对物资进行分类、编号、标识，建立详细的档案记录，以便于日后的管理和使用。具体措施包括：

（1）建立储存管理制度。

制定标准化的物资储存管理制度，包括物资分类、存储位置、存储期限、安全防护等要求，确保物资的安全性和完整性。建立储存档案，对物资的进出、存储、领用等情况进行记录和监控。

（2）优化储存环境。

合理规划储存场地，确保储存区域的平整、整洁、通风、干燥等环境要求。建立储存设施，包括货架、托盘、储物柜、保险柜等，提高储存利用率和效率。

（3）加强安全管理。

建立储存安全管理制度，包括防火、防爆、防盗、防潮等措施，确保储存区域的安全性。同时，加强物资保管人员的培训和管理，建立责任制，确保物资的安全和管理。

（4）优化储存流程。

建立物资领用流程，对物资领用人员进行授权和审批，确保物资的正确领用和使用。建立定期清点制度，对库存物资进行清点和盘点，确保物资的准确性和完整性。

（5）建立数字化平台。

建立物资储存数字化平台，实现物资信息的实时监控和统计，对物资库存情况进行分析和决策支持。采取数字化仓储手段实施，通过数字化，对材料设计、请购、采购、催交、检验、仓储、发放进行全流程统筹，自动生成数据报表，实现库存实时性和准确性；推行智能化物流技术应用，制作二维码设备标牌，对设备参数、生产信息等数据进行统计。同时，建立与采购和物流等部门的信息沟通渠道，实现信息的互通共享，提高工作效率和准确性。

三、物资配送体系

物资配送是将物资从储存地点运输到使用地点的过程。在配送过程中，需要按照项目计划进行，确保物资能够按时到达目的地。同时，还需要考虑运输的安全和成本，选择合适的运输方式和运输公司。高含硫气藏地面工程物资管理中的物资配送体系需要从以下几个方面完善：

（1）建立科学的物资储备计划。

根据气藏的生产情况和预测需要，制定科学的物资储备计划，确保物资储备数量和种类的合理性，避免出现缺货或库存过多的情况。

（2）完善物资配送管理流程。

建立完善的物资配送管理流程，包括物资发放、领用、调拨、入库和出库等环节的管理。确保物资的及时、准确、安全地配送到使用地点。

（3）强化物资配送管理监控。

建立物资配送监控机制，加强对物资配送流程的监控和控制，及时发现和解决配送中的问题，确保物资配送质量和安全。

（4）加强物资配送人员培训。

加强物资配送人员的培训，提高其配送管理技能和操作水平，确保物资配送的准确性和效率性。

（5）建立信息化管理系统。

建立信息化管理系统，实现物资配送信息的实时、准确记录和查询，提高物资配送管理的科学性和精细化程度。

通过建立科学的物资储备计划、完善物资配送管理流程、强化物资配送管理监控、加强物资配送人员培训和建立信息化管理系统等措施，可以完善高含硫气藏地面工程物资管理中的物资配送体系。

四、物资使用体系

物资使用是物资管理体系的核心环节。在使用过程中，需要注意物资的使用安全和维护保养。同时，还需要严格遵守安全规定和环保要求，防止对环境造成污染。高含硫气藏地面工程物资管理中的物资使用体系需要从以下几个方面完善。

（1）制定合理的物资使用计划。

根据工程的进度和需要，制定物资使用计划。该计划应该明确列出每种物资的用途、数量、使用时间和使用地点等信息，以确保物资能够合理利用。

（2）建立健全的物资使用监管制度。

建立物资管理制度，规定物资的领用、归还、调拨等流程。管理制度应该详细说明物资使用的标准和规范，以及各个环节的责任人和管理要求。

（3）开展物资使用培训和技能提升。

加强物资使用人员的培训，提高其对物资的认识和使用技能，从而确保物资的安全使用和有效利用。

（4）加强物资维护和保养。

定期对物资进行检查、维护和保养，延长物资的使用寿命，减少更换和采购的次数。

（5）加强物资保护措施。

由于高含硫气藏的物资易受腐蚀和损坏，因此应该加强物资保护措施。例如，对易受腐蚀的物资进行防腐处理，对易受损坏的物资进行包装和防护。

（6）做好物资使用记录。

在物资使用过程中，应该做好使用记录。记录应该包括物资名称、使用数量、使用时间、使用地点、使用人员等信息。使用记录有助于监督物资的使用情况，为物资使用的进一步改进提供参考。

通过以上措施的实施，可以完善高含硫气藏地面工程物资管理中的物资使用体系，提高物资的利用效率和保护程度，降低物资损失和浪费。

五、废弃物处理体系

废弃物处理是物资管理的最后一个环节。在处理过程中，需要按照相关法律法规和环保要求进行处理和处置，防止对环境造成污染。完善高含硫气藏地面工程废弃物处理体系应该从以下几个方面考虑。

（1）制定废弃物管理制度。

制定废弃物管理制度，明确废弃物的种类、处理方法、管理流程等。该制度应该规范废弃物的处理标准，明确各个环节的责任人和管理要求。

（2）分类收集废弃物。

废弃物应该按照不同的种类进行分类收集，例如生活垃圾、危险废物、可回收物等。分类收集有助于有效减少废弃物的数量和对环境的影响。

（3）建立废弃物处理设施。

建立废弃物处理设施，可以有效处理大量的废弃物。废弃物处理设施应该具备完备的处理设备和专业的管理人员，确保废弃物处理过程的安全性和有效性。

（4）加强废弃物监管。

废弃物处理过程应该加强监管，确保废弃物的处理符合相关要求。监管应该包括废弃物处理设施的日常监管、处理过程的监控和废弃物的追踪管理等。

通过以上措施的实施，可以完善高含硫气藏地面工程废弃物处理体系，有效降低废弃物的数量和对环境的影响，促进环保事业的发展。

综上所述，高含硫气藏地面工程物资管理需要综合考虑项目的实际情况和需求，严格按照规范和标准进行操作，采取有效的管理措施，确保各项工作符合相关要求和标准，在满足物资能够安全可靠地使用的同时最大限度地降低成本。

第五节　案例说明

在本节中，将以某公司地面建设项目中的工程物资管理体系为例，对上述内容进行实例说明。

一、物资管理现状

以某公司项目为例，对其物资管理现状进行案例说明，物资交付情况比例如图4.1所示。

截至2014年底，某公司项目总共有307个采购包及733份材料变更，已全部交付的采购包937个，占93.56%。尚未交付的采购包28个，占2.69%，部分交付的采购包25个，占2.40%，等待授标的采购包14个，占1.35%。

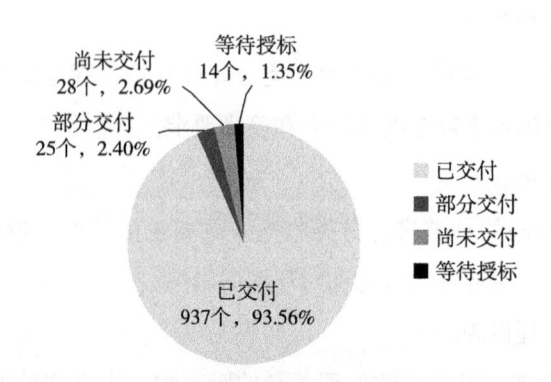

图4.1　物资交付情况比例图

(1)物资采购包分类情况见表4.1。

表4.1 物资采购包分类情况

序号	采购包类型	设备/材料采购包数量(个)	设备/材料杂项包数量(个)	材料变更数量(份)
1	机械设备/材料	53	48	139
2	电器设备/材料	24		147
3	仪表/控制	22	68	193
4	管道阀门	50		152
5	仪表阀门	13		71
6	杂项	23	6	31

(2)物资交付情况见表4.2。

表4.2 物资交付情况汇总表

类别	已交付数量(个)	未交付数量(个)	等待授标数量(个)	总计(个)	交付比例(%)
电气	1998	2		2000	99.9
电缆	481856			481856	100
电气杂项	1643138	2816		1645954	99.8
仪器仪表	6128	47	2	6177	99.2
仪器仪表电缆	1608676			1608676	100
仪器仪表杂项	866839	7058	6	873903	99.2
仪表阀	7536	195		7731	97.5
机械	1784	56	3	1843	96.8
机械杂项	801954	42	9	802005	100
杂项	1960	51		2011	97.5
管子	408323	14508	85	422916	96.5
管配件	248880	4082	414	253376	98.2
管道阀门	18410	260		18670	98.6
塑料配件	6083			6083	100
塑料管	29023			29023	100
总计	6132587	29118	519	6162224	99.5
完成比例	99.52%	0.47%	0.01%		

（3）物资不合格项分类情况见表4.3。

表4.3 物资不合格项分类情况

序号	不合格项类型	不合格项总数（个）	已关闭项（个）	开启项（个）
1	机械设备/材料	121	121	
2	电气设备/材料	91	91	
3	仪表/控制设备/材料	35	35	
4	阀门	90	87	3
5	管子/管件	193	191	2
6	杂项	24	20	4
7	合计	554	545	9

（4）物资不合格原因、数量及整改情况见表4.4。

表4.4 物资不合格原因及具体情况

序号	发生物资不合格项的原因	现场验收不合格物资数量（件）	已关闭不合格物资数量（件）
1	物资不满足现行标准规范的要求	563	498
2	物资不满足项目高于现行标准的技术要求	1408	1408
3	物资的技术资料不满足标准要求	1157	1153
4	在运输过程中发生物资损坏	178	178
5	在运输过程中出现零部件的丢失现象	297	297
6	运到现场的物资的实际尺寸与厂家提供的GA图上的尺寸不一致	426	426
7	到货物资的材质与P&ID图上的管道等级的材质要求不一致	327	325
8	合计	4356	4285

二、采购流程控制

针对本章第三节内容，选用某公司项目采购流程为例进行案例说明。项目管理团队的后勤保障部经理/采购经理应编制程序，确保为总体开发方案购置的所有永久设备、材料、服务及供应品符合指定的工程设计要求和合同文件，采购质量管理的具体流程如图4.2所示。

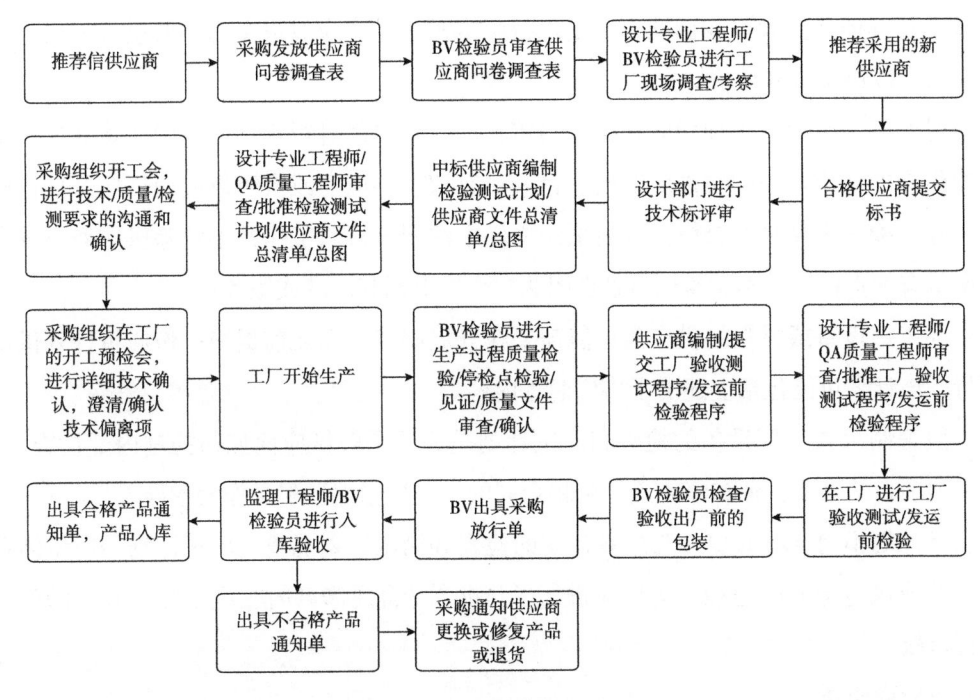

图 4.2 采购质量管理流程图

1. 已批准供应商清单

供应商批准的程序应包括与供应范围相关的评估和资格认证依据，可能以一些资料为基础，包括可获取的以往绩效、国际材料供应资格认证、预审核调查表、采访、调查及设施审查、财务状况、客户清单及调查、质量认证或其他方法。最关键的是该程序内容应确保已批准供应商的次级供应商所提供的指定关键设备和材料已经过适当的调查且合格。

由项目采购人员编制的供应商资格认证程序须对供应商或承包商质量体系的评估，包括建立和维护质量文件在内的具体质量要求进行规定。

2. 采购文件

采购文件，包括请购单、订购单或合同，应对所订购的材料、设备或服务进行清晰描述，还要包括所需的工程设计、采购或合同文件要求等内容。所有现行质量保证、质量控制要求，包括检查、测试、检验及记录工作应在请购单和/或采购文件/合同中注明。

由工程设计部或现场需求部门编制的采购文件或请购单除包括适当的追踪要求和正确识别方法以外，还应包括材料的类别、形式、等级等准确标识方法。现行说明、图纸、流程要求、检查指导及其他相关技术资料应在文件中引用到。文件还应包括其他要求，如产品或设备合格证明、程序、加工设备及人员资格认证等。文件中应引用供应商工厂的质量监督水平及其他必要规范或标准，包括现行版本及年份。应对提交的必要设计或质量文件进行确认，以供审核和评价。

应对所有将由项目管理团队相关部门审核的采购文件进行规定，其中质量保证小组负责审核供应的性质。采购文件应明确项目人员有权在供应商或次级供应商厂区开展供应品检验工作，检查产品是否合格。应在采购文件中注明该检验工作并不消除供应商对其产品质量所负有的责任，并不妨碍项目管理团队在今后退回其产品或服务。

永久工厂设备或材料的供应商可能需要在开展制造工作之前提交一份质量计划供审核和评价，该计划可能包括上述的子供应商等内容。

一般编制永久工厂设备的检查和测试计划是为了了解供应商如何控制内部检查活动，编入公司项目的必要见证和停止点。可将合同的补充质量保证附录作为指导。

质量计划不得与有时也称为质量计划的检查和测试计划混淆。质量计划是质量体系应用到采购或供应范畴的途径。为供应进行了订购单/合同修订内容应按照所开发的项目程序进行审核。

3. 供应商质量

后勤保障部管理/采购部应与质量保证部共同设立一个供应商质量评估组，负责对监督、检查和测试要求的必要水平进行规定。应为该活动编制程序，并视情况将其纳入特定请购单或采购文件的内容中。该程序应包括对下列事项的规定：

（1）无论是在签订合同之前还是之后都要与供应商确认和讨论订购单的质量要求；

（2）确定项目管理团队在现有检查和测试计划中的停检点和见证点；

（3）确定检查合格情况的方法，并建立记录；

（4）开展设备检查和发放工作；

（5）检查工作所需的其他保障人员或顾问；

（6）必要的审计或其他控制工作；

（7）在货物确认和文件验证结束后运输之前最后的发货工作。

三、物资质量管控管理

物资质量管控管理，在开工前应审查和批准检验测试程序，并明确技术/质量/文件要求。具体而言，可分为制造过程中、出厂验收前、发运前、入库前验收以及物资管理系统几个部分。

1. 制造过程中

在物资的制造过程中，应审查生产质证文件，见证停检点/测试项。

（1）审查生产质证文件；

（2）驻厂监造\见证停检点和测试项，共出具检验报告2338份；

（3）对于检验不合格项，将其列入检验不合格项清单，并对不合格项进行跟踪和记录。共发现严重不合格项63个，一般不合格项1252个，全部进行跟踪和整改。

达不到或不符合适用设计规范、适用标准、要求或图纸的产品应作相应的标识，防止未经授权使用、安装该产品或将其与合格产品混合。依照本质量计划制定相关程序，以对不合格标识和控制措施进行管理。

如果可行，在对产品进行评估和处置之前，应针对不合格设备、物料或组件进行明确标识、存档记录、评估和（与合格产品）隔离处理。然后，通知所有相关方有关不合格物料或设备及其最终处置情况。

不合格产品可由供应商/承包商或者项目管理团队成员内部实施鉴定和存档记录。不合格情况存档记录应严格按照适用程序进行且相关记录应提交给相关人员进行审定、处置和处理。

需要项目管理团队工程人员针对"修理"或"照用"处理措施进行技术可行性验证时，执行处理措施前应由项目管理团队质量保证经理或指定人员进行额外审查和批准。"修理"或"照用"处理措施通常应注明违背设计要求的相关情况。

2. 出厂验收前

出厂验收前，应审查和批准供应商的工厂验收测试（FAT）程序，参与测试确保程序合规性。

（1）供应商编制了工厂验收测试程序（FAT）47个，提交给建设单位审查。保证测试程序、测试项目、测试方法满足项目和相关标准规范的要求。

（2）对关键性等级为1级和2级设备/材料和大型撬装设备，按检验等级和工厂验收测试计划进行出厂测试验收，审查提供的质证文件和测试报告。共进行了81次工厂验收测试。

（3）按照检验等级3的要求，对制造过程执行抽检（含停检点/见证点）和发运前检验（PSI）。共对336个采购包和材料变更进行了抽检和PSI。

3. 发运前

发运前，应确保规格型号、数量、包装符合项目要求。公司检验员按照供货范围和包装清单逐项清点/确认物资的规格型号和数量，确认无误后共向项目QA部门出具放行通知单（Release Note）1124份。

4. 入库前验收

进行现场入库前的验收，确保合格产品入库。针对物资的数量、外观质量、主要安装尺寸，以及主要质证文件进行确认，并出具合格产品通知单。对于不合格产品进行标识和隔离，并出具不合格产品通知单 554 份。

项目管理团队施工组应确保：承包商、供应商和 / 或第三方检查公司应鉴定并保持货物追溯跟进记录，以注明货物检查测试状态，即：货物符合还是不符合规定。各个阶段，包括：收货、仓储、安装、测试和调试，都应使用并保持上述记录，从而确保只用通过必要检查和测试的产品才可用于本项目。

5. 物资管理系统

物资管理系统的应用，确保材料入 / 出库准确。利用 SPM 进行精准的电子化管理，确保设备 / 物资的入库和出库的规格型号和数量的一致性，便于查找和清理库存设备 / 材料。

参考文献

[1] 中国石油学会质量可靠性专业委员会 . 石油工程质量可靠性研究与应用 [M]. 北京：石油工业出版社，1996.

[2] 曾大乾，王寿平，孔凡群，等 . 大湾复杂高含硫气田水平井开发关键技术 [J]. 断块油气田，2017，24（6）：793-799.

[3] 胡勇，惠栋，彭先，等 . 高含硫气藏开发关键技术新进展、挑战及攻关方向 [J]. 天然气工业，2022，42（12）：23-31.

[4] 朱向丽，任建东 . 高含硫气田试气与地面工程建设交叉作业安全管理方法初探 [J]. 中国安全生产科学技术，2012，8（4）：145-147.

[5] 黄愿，李雁 . 基于 PLC 的社区报警系统在罗家寨高含硫气田的应用 [J]. 仪器仪表用户，2022，29（9）：24-28.

[6] 何生厚 . 普光高含 H_2S、CO_2 气田开发技术难题及对策 [J]. 天然气工业，2008（4）：82-85，145.

[7] 石磊 . 普光主体高含硫气井排水采气工艺研究 [D]. 重庆：重庆科技学院，2016.

[8] 曾大乾，张庆生，李童等 . 四川盆地普光高含硫气田长周期高产稳产关键技术 [J]. 天然气工业，2023，43（1）：65-75.

[9] Maksimovic M, Vujovic V, Miklicanin EO. Application of internet of things in food packaging and

transportation [J]. International Journal of Sustainable Agricultural Management and Informatics, 2015, 1（4）：333-350.

[10] 王赛尔. 2012—2021 年中国重特大危化品事故分析与预防 [J]. 化工管理，2022（19）：129-134.

[11] 卢建锋，牟瑞芳，赵佳虹，等. 危化品事故连续消耗型应急物资调度模型 [J]. 工业工程，2020，23（5）：103-108，117.

第五章 高含硫气藏地面建设施工管理

高含硫气藏地面工程施工管理包括以下两个核心原则：
（1）要做就要安全地做好，否则就不要做；
（2）以正确的方式做事，切勿操之过急。
高含硫气藏地面工程施工管理包括以下十个作业准则：
（1）永远在设计范围内和环保许可下作业；
（2）永远在安全和受控的条件下作业；
（3）永远确保安全设备到位并正常运转；
（4）永远遵守安全工作条例和程序；
（5）永远满足和高于客户要求；
（6）永远保持专用系统的完整性；
（7）永远遵守适用的法律法规；
（8）永远及时处理异常情况；
（9）永远根据书面工作程序处理高风险或特殊情况；
（10）永远请相关的专业人员参与对工作程序及设备有影响的决策。

第一节 高含硫气藏地面建设工程施工总部署原则

高含硫气藏地面建设施工总部署原则编制的依据是公司相关批复文件，编制的目的是指导工程项目施工的组织、质量、安全、设备管理，施工管理理念主要包括人性化管理、安全作业、优良作业（OE）等。在施工管理过程中，始终坚持优良运作管理系统（OEMS）和全球统一的 CPDEP 管理体系。

一、优良运作管理系统（OMES）

优良运作管理系统（OEMS），是某公司全球作业项目统一的战略指南，其两条核心理念是："要做就要安全地做好，否则就不要做"和"永远有时间把事情做对"，并要求每个作业机构和人员将优良作业的10条准则、6条黄金法则作为日常决策的指导工具，安全管理严格。

二、CPDEP 管理体系

全球统一的 CPDEP 管理体系，主要包括机会识别和评估、方案的产生和选择、发展优选方案（FEED）、方案执行（详细设计）、操作和后评估。涵盖项目开发建设生产全过程。体系包含项目五个阶段的内容：项目策划与目标、可选方案与备选方案、完整的实施计划、执行、作业和评估，涵盖了项目开发建设生产全过程。各单项工作、各阶段工作的统筹与协作均按项目管理模式运作，具有统一的项目控制标准和完整性管理。体系明确规定了每个阶段的：具体工作内容、应该达到的目标、工作流程和执行人员、不同阶段的决策人员。

第二节　高含硫气藏地面建设工程施工组织管理

施工组织管理是施工企业经营管理的一个重要组成部分。企业为了完成建筑产品的施工任务，从接受施工任务起到工程验收止的全过程中，围绕施工对象和施工现场而进行的生产事务的组织管理工作。明确施工目标的同时，应强化施工管理力度。注意理顺施工生产活动中人与人之间的协作配合关系，落实责、权、利一致的原则。

一、施工组织管理原则

（1）执行《建筑法》、坚持建设程序。

《建筑法》是规范建筑活动的根本大法，是指导建设活动的准绳，要严格遵守施工许可证制度、从业资格管理制度、招标投标制度、总承包制度、发承包合同制度、工程监理制度、建筑安全生产管理制度、工程质量责任制度。

（2）合理安排施工顺序。

施工顺序的安排符合施工工艺、满足技术要求，有利于组织平行流水、立体交叉施工，有利于对后续施工创造良好条件,有利于利用空间、争取时间。

(3)加强季节性施工措施,确保连续施工。

施工前充分了解当地的气候、水文、地质条件,减少季节性施工的技术措施费用。如:土方工程、地下工程、水下工程尽量避免在雨季和洪水期施工,混凝土现浇结构避免在冬期施工,高空作业、结构吊装避免在风季施工等。

二、施工管理组织机构

根据石油天然气开发项目的特点,施工管理组织机构属职能式组织机构,纵向第一级分为地下(钻井)和地上(重大资本项目)两大块,重大资本项目下设工程设计、交付(施工组织管理)、土地及地方关系协调、界面协调等部门。交付部门分为现场施工管理团队和总部管理团队,它们的职责是相互独立,互不交叉。

三、施工管理程序

(1)严格按照中华人民共和国国务院令279号《建设工程质量管理条例》,对工程质量进行管理。

(2)工程设计、施工、检测、监理均发包给具有相应资质等级的单位。

(3)从工程的设计,到工程的建设均必须严格审查,尤其要加强对设计施工图的审查,以保证工程质量和工程建设的顺利进行。

(4)监理公司代表建设单位的利益,按规定有效地行使建设单位的有关权力,在工程建设过程中,起好监督作用,且对工程质量必须进行严格把关。

(5)选择有资质的公司对非标设备进行驻厂监造,对制造质量进行严格把关。

(6)工艺设备、管材等的采购要货比三家,选择质量好的产品。

(7)对工程质量,必须经设计、施工、检测、监理、质监和建设单位进行层层把关。

(8)施工前,各施工单位必须精心编制施工技术方案或施工组织设计,并经建设、设计、监理三方审查合格,完成技术交底后才能实施。

(9)施工变更、设计更改,必须由设计、监理、建设三方签字确认后才能实施。

(10)施焊前,施工单位应进行焊接工艺评定,再根据评定合格的焊接工艺评定报告编制焊接工艺规程,并应严格按焊接工艺规程要求进行管道焊接,采取合理的施焊方法、施焊顺序及焊接材料;应在焊接作业指导书规定的范围内,在保证焊透和熔合良好的条件下,采用小电流、短电弧、快焊速和多层多道焊工艺,并应控制层间温度;所有焊口必须保证当日焊完。

第三节 高含硫气藏地面建设工程施工质量管理

工程的施工质量直接系到国民经济的发展和人民生命财产的安全。因此，施工中需坚持质量第一的方针，实行全员、全过程、范围的质量管理制度，建立健全施工质量管理体系，监督体系、检验体系和保证体系。

一、严格执行设计的相关要求

严格执行制定的高含硫化氢接触焊口检测主要技术要求：在《承压设备无损检测》（NB/T 47013—2015）检验标准外附加的检测要求，无损检测（NDT）要求：原料气管道环向焊缝均采用100%X射线和100%超声波探伤检查，按《承压设备无损检测》（NB/T 47013—2015），达到Ⅰ级为合格，并附加技术要求。

二、线路施工质量管理

由承包商质量人员、监理以及联合管理团队相关人员三方对每道工序进行检查认可才能进行下道工序。

1.焊接工艺评定

1）一般规定

（1）高含硫化氢条件下管道焊接施工前，应进行焊接工艺评定。工艺评定的内容应包括拉伸、弯曲、冲击、硬度、化学成分、金相及抗SSC和抗HIC等试验；

（2）应对各项焊接工艺评定参数进行详细记录，焊接工艺评定报告应按相关规范编制；

（3）对接试件评定合格的焊接工艺可适用于角焊缝试件。当用于角焊缝时，焊件厚度的有效范围可不限。

2）预焊接工艺规程

预焊接工艺规程应包括下列内容。

（1）焊接方法：应指明是使用焊条电弧焊、非熔化极气体保护焊、熔化极气体保护焊（含自保护药芯焊丝焊）或它们的任何组合工艺。

（2）电特性：应指明电流种类和极性，并应规定使用焊条或焊丝的焊接电流和电弧电压的范围。

（3）管材及管件材料：应指明适用的管材及管件材料。

（4）直径和壁厚：应确定工艺规程适用的直径和管道壁厚。

（5）接头设计：应画出简图。简图应指明坡口角度、钝边尺寸及根部间隙等。

（6）填充金属：应指明填充金属的型号、牌号、规格。

（7）焊道数：应指明焊缝最少道数及焊道顺序。

（8）焊接位置：应指明是旋转焊或固定焊，固定焊应指明水平焊接位置5G、垂直焊接位置2G或45°倾斜固定位置6G。

（9）焊接方向：应指明是上向焊或下向焊。

（10）根焊和热焊焊道之间的时间间隔：应规定完成根焊道之后至开始第二焊道时的最长时间间隔。

（11）对口器的类型和撤移：应规定是否使用对口器和使用对口器的类型。如使用对口器，应规定撤离对口器时根焊道长度的最小百分数。

（12）预热：应规定预热的加热方法、加热范围和温度范围。

（13）道间温度：应规定焊接道间温度的范围。

（14）焊后热处理：应规定焊后热处理的加热方法、温度控制方法及焊后热处理的参数。

（15）保护气体和流量：应规定保护气体的纯度、配比及流量范围。

（16）焊接速度：应规定各焊道的焊接速度范围。

（17）焊接热输入：应规定焊接热输入的范围。

（18）气质条件：应规定硫化氢分压范围。

当下列基本要素变更时，应重新进行焊接工艺评定。

（1）焊接方法的变化。

（2）电特性：电流类型和极性的改变[直流（正极性、负极性）、交流或脉冲]；电流电压范围。

（3）管材及管件：管材、管件钢级及供货状态的变更。

（4）壁厚：壁厚超出表5.1范围的变更。

表5.1 评定合格的焊接工艺的厚度适用范围　　　　　　　　　　　　　　　　（单位：mm）

试件母材厚度T	适用于焊件母材厚度的有效范围		适用于焊件焊缝金属厚度t的有效范围	
	最小值	最大值	最小值	最大值
$1.5 \leqslant T < 6$	$T/2$	$2T$	不限	$2t$
$6 \leqslant T \leqslant 16$	T	$2T$	不限	$2t$

续表

试件母材厚度T	适用于焊件母材厚度的有效范围		适用于焊件焊缝金属厚度t的有效范围	
	最小值	最大值	最小值	最大值
16<T<20	16	2T	不限	2t
20≤T<38	16	2T	不限	2t（t<20）
20≤T<38	16	2T	不限	2t（t≥20）
38≤T≤150	16	200	不限	2t（t<20）
38≤T≤150	16	200	不限	200（t≥20）

（5）接头设计：除角焊缝外，接头设计的重大变更，如V形坡口改为U形坡口，或反之。

（6）焊接材料：焊接材料牌号与评定发生变更。

（7）输送气质条件：硫化氢分压超过评定范围。

（8）焊接位置：由旋转位置焊接变为固定位置焊接；从垂直固定焊接位置（2G）变为水平固定焊接位置（5G），或反之；从垂直固定焊接位置（2G）或水平固定焊接位置（5G）变为45°固定焊接位置（6G）（图5.1）。

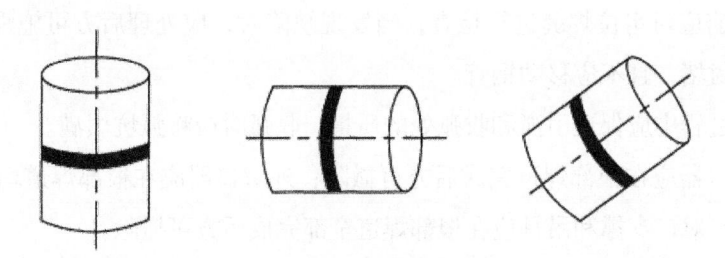

（a）垂直固定焊接位置（2G）（b）水平固定焊接位置（5G）（c）45°固定焊接位置（6G）

图5.1 焊接位置示意图

（9）焊接方向：从上向焊变为下向焊，或反之。

（10）预热温度：预热温度比焊接工艺评定时预热温度低50℃以上。

（11）道间温度：道间温度比焊接工艺评定时道间温度高50℃以上。

（12）焊后热处理：焊后热处理的恒温温度范围、时间和加热与冷却速度范围与评定试验认定不相同。

（13）保护气体种类：一种保护气体换成另一种保护气体。

（14）焊接速度：焊接速度超过评定范围。

3）组对

（1）组对宜使用对口器，不能采用对口器组对时，可采用定位焊。对口器使用和定位焊应符合焊接工艺规程的要求。

（2）两相邻管的制管焊缝在对口处应相互错开，距离不应小于100mm。

（3）相邻环焊缝间的距离不应小于1.5倍管径，且不应小于200mm。

（4）当壁厚小于16mm时，管道组对错边不应大于壁厚的10%；当壁厚大于或等于16mm时，管道组对错边不应大于壁厚的10%，且不应大于2mm，局部错边不应大于3mm，错边应沿圆周均匀分布；当管端圆度超标时，应采用整形器调整。

（5）严禁采用锤击或加热管子的方法来校正错边，一旦错边超标，应将该口割除，并应重新组对。

（6）不等壁厚钢管对接时，应按焊接工艺规程要求对厚壁管管端进行削薄处理。

（7）严禁强力组对。

4）焊接执行

（1）预热时应均匀加热，预热的方法及温度应按焊接工艺规程进行。

（2）应采用测温仪器测量预热温度。

（3）不应在坡口之外的母材表面引弧或试验电流，并应防止电弧擦伤母材。

（4）根焊前应对定位焊缝进行检查，当发现缺陷时，应处理后方可施焊。根部焊接时宜对管端进行封堵，且不应移动钢管。

（5）焊接过程中应保证引弧和收弧处的质量，收弧时应将弧坑填满。

（6）内对口器应在根部焊道完成后方可撤除；外对口器应在根部焊道均匀完成50%以上后方可撤除，对口支撑和吊具应在根部焊道全部完成后方可撤除。

（7）多焊道焊接期间应保持焊接工艺规程规定的道间温度。当道间温度低于焊接工艺规程规定的温度时，应在焊道间重新加热。多层多道焊的相邻焊道接头应错开20mm以上。

（8）除焊接工艺规程另有说明外，前一焊道完成前不应开始新焊道。

（9）应采用手动或电动工具清除每一焊道的熔渣及引弧点、收弧点和焊道中的局部高凸处，并应检查收弧缺陷是否完全清除。

（10）盖面焊完成后，应清理焊缝表面熔渣及飞溅物。焊缝的整个圆周余高应均匀，余高超出部分可用电动工具磨除，但应圆滑过渡。

（11）每一个焊接接头宜在当天连续施焊完成。当天无法完成的焊接接头，熔敷金属厚度至少应为壁厚的50%且不应少于6mm，并应对整个焊接接头采取防雨措施。在重新焊接前，应采用目视或渗透等检测方法，确认已完成的焊道无缺陷，并应按规定进行预热。

（12）焊缝标识不应采用打钢印的方法进行标记。

5）无损检测

（1）所有环焊缝均应进行100%射线检测，在热处理完成后应进行100%超声检测。对于不能进行超声检测的环焊缝，可选用射线、磁粉、渗透检测方法之一代替。

（2）对于角焊缝，热处理前后均应进行100%磁粉或100%渗透检测。

（3）焊缝的无损检测方法和合格级别应符合设计要求。

2. 准确测量焊口、弯头位置

对管沟放线、开挖、焊接安装单管图进行管理，对每道焊口、弯头实际位置进行测量，确保竣工图信息真实准确，为智能清管和生产管理提供准确信息。

3. 黄金焊口管理制度

联合管理团队对施工过程无法进行水压强度试压的焊口按照黄金焊口进行管理，确保焊接质量无缺陷。

对于黄金焊口的无损检测要求主要有以下几个方面：

（1）所有"酸性介质封闭型/黄金焊口"都需要进行硬度测试（不适用于"非酸性介质线路"）。

（2）所有的"封闭型/黄金焊口"都应进行100%的射线和100%的超声波检测。

（3）应对焊后热处理后的所有已完成的碳钢焊口进行磁粉检测（奥氏体材料用染色渗透测试），不允许有任何线性缺陷。

（4）每个封闭型/黄金焊口都要用NDE的方式和技术来探伤，从不同角度扫描整个焊口，确保焊口的各个层面都没有线性标记。通过在"所有酸性介质封闭焊口"使用NDE的两种主要方式RT和UT，基本可检测出主要缺陷（不适用于奥氏体材料和"非酸性介质管线"）。应在中间检查和焊后热处理之后再进行磁粉检测（奥氏体焊口用染色渗透试验）。

（5）酸性或非酸性环境的最终焊接完成的焊缝需要进行MT(对碳钢)或PT(对不锈钢)。对于不需要进行焊后热处理的碳钢焊缝，需要在焊缝冷却到环境温度至少24小时后再进行检测。接受标准应为磁粉检测应达到《承压设备无损检测》（NB/T 47013—2015）的Ⅰ级为合格，着色渗透检测应达到《承压设备无损检测》（NB/T 47013—2015）的Ⅰ级为合格。

4. 现场焊口喷砂除锈

现场焊口补口前喷砂除锈，要求达到工厂登记sat2.5级。

无损检测（NDT）要求：原料气管道环向焊缝均采用100%X射线和100%超声波探伤检查，按《承压设备无损检测》（NB/T 47013—2015），达到Ⅰ级为合格，并附加技术要求。

专业工程师需审查质证书、测试程序和测试报告等技术文件和质证文件的符合性；特别是对于酸性环境下的设备、阀门、管材和管件，专业工程师还需按照项目高于标准规范的技术要求，审查材质证明书、HIC/SSC测试程序，原材料和焊缝的HIC/SSC测试、冲击试验、焊接、无损检测等报告和结果是否满足相关要求。操作部门审查制造厂设计的可操作性，检维修部门审查制造厂的设计是否方便维修。

对于需进行焊接的设备和材料，在施焊前，需审查厂家的焊接工艺评定、焊材的材质证明书、焊工的资质是否满足相关要求；对于酸性环境的设备和材料还应审查原材料和焊缝的抗硫评定报告及相关测试结果是否满足技规书及标准规范的要求。

5. 回填

严格按照规范要求回填：沟底和管道上方300mm细土回填。下雨后形成的超过粒径板结土也不符合要求。

6. 清管（扫水）

（1）清管列车（带钢丝刷）进行清管。

（2）清管要求：清水进清水出。

（3）测径前清管次数：7～10次。

（4）扫水通过测泡沫球重量判断是否具备测径条件。

7. 几何测径

（1）清管器带测径板进行测径。

（2）测径板直径：厚壁弯管内径的92%（国标要求90%～92%）。

（3）测径要求：测径板无变形、边缘无明显划痕（小于0.1mm）为合格。

8. 管道试压

（1）试压条件：测径合格进行试压，一次回填全部完成。

（2）采用在线温度和压力记录仪全过程记录压力和温度。

9. 复合管坡口保护

管端坡口面及50mm范围应采用有效措施处理，防止坡口处碳钢生锈；同时，在运输过程中，供货商应采用内嵌固定式管端保护器或其他措施对管端进行有效保护，防止坡口表面损伤和水汽、灰尘进入，若产品到货后，检查验收发现坡口损伤，应由供货商负责。

10. 复合管管端验收

复合钢管应安装非金属材料制作的管端保护器，管端保护器应能够对管端进行有效保护，并防止水汽或者灰尘进入，同时需要固定，防止管道运输过程中碰撞损坏坡口，现场卸车、转运时也要防护。在管道对口前不得拆除管端保护器。衬管不允许与碳钢直接接触。管端坡口如有机械加工形成的内卷边，清理卷边所用砂轮机应使用不锈钢专用砂轮片或不锈钢工具。复合管管端进行坡口加工时，应避免耐蚀合金层铁污染，同时不应伤及耐腐蚀合金层。加工完成后应采用不含氯离子的溶剂进行清洗。

自动焊管端验收主要包括：管端的内径，外径、椭圆度、坡口尺寸等，需要严格按照技术规格书和焊接工艺评定确定的坡口形式及精度要求执行。

11. 复合材料、设备质量控制要点

1）复合板制压力容器

（1）制造开始前的文件审查（制造工艺、检验和测试计划、焊接工艺评定、相关程序文件等）、交底会、预检会；

（2）复合板制造（严格按照评定合格的制造工艺执行）；

（3）原材料入场验收及复验；

（4）焊接工艺评定；

（5）复合板筒体卷制；

（6）纵缝焊接及校圆；

（7）封头成型及堆焊；

（8）筒体组对及环缝焊接；

（9）开孔及接管焊接；

（10）内构件支撑件焊接；

（11）热处理；

（12）酸洗钝化；

（13）各阶段的无损检测；

（14）重要试验、检验的取样和标识；

（15）出厂前检查及出厂文件资料的审查。

2）机械复合管

（1）制造开始前的文件审查（制造工艺、检验和测试计划、焊接工艺评定、相关程序文件等）、交底会、预检会；

（2）原材料入场审查和复验；

（3）内衬管焊接及检验；

（4）基管内表面处理；

（5）衬管外表面处理；

（6）基管、衬管装配及环境因素检查（温度、湿度、洁净等）；

（7）液压复合成型（严格按照评定合格的制造工艺执行）；

（8）管端堆焊前加工；

（9）管端堆焊；

（10）管端加工；

（11）首批检验及批量生产；

（12）各阶段的无损检测；

（13）重要试验、检验的取样和标识；

（14）成品检测及出厂文件资料的审查。

3）堆焊复合管

（1）制造开始前的文件审查（制造工艺、检验和测试计划、焊接工艺评定、相关程序文件等）、交底会、预检会；

（2）原材料入场审查和复验；

（3）基管内表面处理；

（4）复合管堆焊及焊接工艺参数的符合性（电压、电流、焊接速度、输入热量等）；

（5）管端加工；

（6）管端堆焊；

（7）管端堆焊后加工；

（8）首批检验及批量生产；

（9）各阶段的无损检测；

（10）重要试验、检验的取样和标识；

（11）成品检测及出厂文件资料的审查。

4）复合弯管

（1）制造开始前的文件审查（制造工艺、检验和测试计划、焊接工艺评定、相关程序文件等）、交底会、预检会；

（2）原材料入场审查和复验；

（3）基管内表面处理；

（4）复合弯管直管堆焊及焊接工艺参数的符合性（电压、电流、焊接速度、输入热量等）；

（5）复合弯管直管堆焊后检测；

（6）无损检测；

（7）复合弯管制造（严格按照评定合格的制造工艺执行）；

（8）复合弯管热处理；

（9）管端加工；

（10）管端堆焊；

（11）管端堆焊后加工；

（12）首批检验及批量生产；

（13）各阶段无损检测；

（14）成品检测及出厂文件资料审查。

5）复合管件

（1）制造开始前的文件审查（制造工艺、检验和测试计划、焊接工艺评定、相关程序文件等）、交底会、预检会；

（2）原材料入场审查和复验；

（3）碳钢管件的制造（严格按照评定合格的制造工艺执行）；

（4）碳钢管件热处理；

（5）碳钢管件检测；

（6）碳钢管件的首批检验及批量生产；

（7）碳钢管件堆焊前内表面处理；

（8）管件堆焊及焊接工艺参数的符合性（电压、电流、焊接速度、输入热量等）；

（9）管端加工；

（10）管端堆焊；

（11）管端堆焊后加工；

（12）首批检验及批量生产；

（13）成品检测及出厂文件资料审查。

三、场站施工质量管理

由承包商质量人员、监理、联合管理团队相关人员三方对每道工序进行检查认可才能进行下道工序。

1. 开展现场设备检查

（1）聘请第三方专业管理公司人员。

（2）利用超探、磁粉、内窥镜、超声波测厚议等设备。

2. 法兰安装管理

传统法兰安装主要依托施工单位按照标准［《工业金属管道工程施工规范》（GB 50235—2010）、《天然气净化装置设备与管道安装工程施工技术规范》（SY/T 0460—2018）、《中国石油天然气股份有限公司企业标准》（Q/SY XN 0302—2009）等］进行检查并安装，往往只针对锈蚀和划痕进行检查。为获得更好、更科学的法兰、阀门安装质量，应参照施工标准要求，细化法兰检查环节，明确施工单位、监理、联合管理团队等各单位职责，严格控制螺栓的紧固方式和力矩大小，确保了安装质量。

（1）法兰安装管理内容。

法兰安装管理包括法兰面粗糙度检测、螺栓螺纹保护、垫片检查、法兰对中检测和扭矩检查，对不符合要求的法兰面进行维修，检查合格后方可进一步安装。

（2）法兰安装要求。

法兰安装过程中每一步均需获得施工专业人员签字确认后方可进行下一步操作。由于安装检查步骤烦琐且需人员签字确认，1只DN250的阀门有效安装时间约为2小时41分，而以往SPC安装时间约45分钟，降效约4倍。

3. 材料可追溯管理

针对高酸性特性，制定了《酸性介质材料可追溯性管理程序》，通过炉批号的移植并录入数据库，确保材料从出厂到形成产品的全过程记录，确保材料的正确使用和安装质量。

四、试压包管理

为有效推进项目管道系统试压，采用了试压包管理模式，依据仪表流程图、调试界限图编制管道试压包，严格执行"试压包"管理。

（1）试压包管理流程。

从设计、材料、施工、无损检测等多个环节进行检查验收，组织大量人员根据试压包工作流程、尾项检查流程逐一进行，如设计文件有效性审查、工程材料质证书验证、现场查线提出尾项、销项检查核实、临时设施准备、试压见证（包括施工、监理、联合管理团队工程师、CDBQC）等。试压前管道系统质量得到有效检查，确保了系统后期运行安全。

（2）试压包试压。

为便于对试压系统的质量审查、现场试压系统检查，采取尽可能按照试压包执行试压，即由传统的系统整体试压改为采用试压包试压方式，细化了质量检查点，确保工艺管道质量。

五、加强质量检查与复核

（1）严格按每道工序检查和签字确认。

线路施工和站内管道焊接均严格按工序，由承包商质检人员、项目监理和聘请的质检人员三方分别签字确认后，才能开展下步工序。如线路施工严格按规范采用沟底和管道上方300mm细土回填，岩石区采用外运细土回填；站场增加了设备清洗、法兰检查、阀门检查、全部采用扭力扳手紧固等措施确保安装质量、提供可靠性和降低安全风险。

（2）尾项清单整改和关闭。

内部集输和天然气处理厂根据施工进度按区域逐步进行完工交接，在施工团队正式移交给调试团队之前，需组织质量、施工、调试、设计、监理、承包商共同检查，对需要整改的问题形成尾项清单。尾项清单包括A类、B类、C类三类。

A类：对健康、环境、试车安全造成影响，在机械完工交接前关闭。

B类：在危险区域内除A类外，可以在完工交接后完成。

C类：不在危险区域类，可在移交给操作团队后再整改。

形成的尾项清单上传尾项清单管理系统，对整改情况进行跟踪。尾项整改合格后，出具尾项整改验收报告，该报告将作为施工完工的重要依据。

（3）实行闭环的质量管理。

质量检验人员应发布巡视报告（QAS）/不合格项（NCR）报告，对质量管理进行闭环管理。对于一般质量问题发独立的质量巡视报告（QAS）报告。对于既定事实的重大质量问题，发不合格项报告（NCR）报告，最后需经过设计团队的核定进行关闭。

（4）编制红线图。

施工过程中发生的设计变更，无论大小均需要在原施工图上用红线进行标注，确保安装实物与图纸一致，便于现场巡检和调试试压、吹扫等工作。因此安排了大量设计单位、施工单位人员在现场进行图纸红线标注和定期升版。

六、施工进度管理

建设单位、设计单位、监理单位、施工单位齐心协力、科学计划、精心组织、监督检查、适时调整、纠偏，是确保施工进度有序推进的关键。设计图纸、材料准备、现场情况和施工方案变化、高温、雨季等不利因素的影响，施工进度会偏离计划。因此，参建各方必须加强管理，不断采取预见性和针对性的控制措施，强力纠偏，使施工进度始终受控。

（1）加强设计进度的管理。

设计进度控制是工程进度控制的重要内容，是施工进度、设备材料采购进度控制的前提。一是建设单位要为设计的顺利开展提供有利条件，不随意改变建设意图和要求，尽快完成初步设计审批，及时反馈订货设备的资料，为施工图设计的顺利进行创造有利条件。二是建立设计工作责任制，编制切实可行的设计进度计划，各专业之间要积极协调配合，加强计划执行的监督检查，根据现场情况及时对设计进度计划进行调整和纠偏，使设计工作始终处于可控状态。

（2）强化施工组织设计的落实。

施工单位应严格按照招标文件、合同、设计和业主建设管理计划编制施工组织设计并进行严格审批。开工前准备工作要做到思想到位、人员到位、装备到位、材料到位、难点工序的措施准备到位的"五到位"。施工过程中要加强信息沟通，强化监督、检查和进度纠偏。

（3）抓好物资的催交催运工作。

项目管理机构中要明确专职的物资供应管理人员，按照采购合同规定的交货时间随时了解设备材料的生产动态，必要时可到制造厂查看原材料的采购和设备材料的生产情况，确保工程物资按期到货。

（4）优化工程施工工序，协调推进各专业施工。

根据现场施工条件，提前开展重点、难点工程的施工，供配电、自控仪表、通信、总图施工要同步推进。总的原则是，要突出重点，全面开工，凡是不相互冲突的施工作业都要同时开展，确保工作有序推进，质量、进度、安全、投资全面受控。

（5）抓好设计的服务工作质量。

施工现场经常因地基或基础与设计文件不符、设计漏项、设计错误、工艺安装尺寸不合理、材料改代等问题解决不及时而影响施工进度。建设单位项目管理机构要根据现场施工内容要求设计单位安排相关专业设计人员进行现场服务，及时处理现场出现的问题。

（6）及时处理现场问题。

施工管理过程中，经常出现各种障碍，影响工程进度，建设单位和监理人员应分析具体原因，根据实际情况采取合理措施。如材料供应不及时、设备到位延迟、地方阻工等因素影响施工进度。遇到这些问题要加强协调、及时处理，逐一解决各项问题。

（7）建立激励机制和细化违约处罚。

在建设单位与承包商签订的合同中，针对进度计划的关键控制点设立奖励和处罚条款，充分调动施工单位的积极性和主观能动性，全力完成工程进度控制目标。

七、工程投资管理

严格控制工程投资，使决算总值在批复费用范围内力争节约。

订货方面，管材和主要设备的订货采用招投标，在同等条件下，与报价最低者签订供货合同。

施工单位的选择进行招投标，在能满足要求的投标单位中，选择报价最低者签订施工合同。合理划分单位、分部及分项工程，并按其建设和优化施工流程；按施工进度要求，结合资源配备情况及施工力量，进行综合平衡，编制网络施工计划，优化各施工环节和工序，确定施工进度控制点；按施工进度计划的要求，平衡和编制劳动力、施工机具、物资消耗等资源计划；根据进度计划和资源计划，并结合施工轻重缓急和施工关键环节，编制资金使用计划；根据进度计划和资源计划的实施情况，按月对施工进度和资源使用进行修正调整，再编制进度和资源、资金计划进行控制。

在施工过程中，若出现需对施工方案进行调整等问题，现场签证严格把关，首先由施工方编制联络单，经由设计、监理、建设方同意后，采取会同建设、设计、监理、施工四方共同进行现场勘察，兼顾工程进度、施工难度、投资控制等因素对施工方案进行调整，本着实事求是的原则，共同进行工程签证。

涉及工程量变化较大的重大设计或施工更执行变更管理程序。所有签证尤其是重大签证单必须做到规范、统一，签字齐全。待工程完工后，单独装订成册，妥善保存，以备审计。

八、数字化建设管理

油气行业数字化、智能化发展趋势，主要以实现供应链效率提升、生产运营优化与资产完整性完善为核心目标，并期望依靠新信息技术的利用充分发挥生产能力、提高效率、创造更高的价值。通过信息化建设和应用，持续推进油气田数字化转型，通过数据、信息、知识、资源、服务等充分共享，创新形成以共享中心为主要特征的生产经营组织模式，由传统的"职能部门分工负责＋现场值守"转变为"共享技术、资源＋专业化运营"，大幅提高油气生产效益、全员劳动生产率和整体竞争实力。

1. 总体框架

数字化建设的总体框架如图 5.2 所示。基于数字化基础设施建设，结合业务需求，利用云、网、端基础设施，打造高含硫气藏数据管理智能中台，实现智能应用的数据支撑。遵循"两统一、一通用"的建设原则，按照信息化总体架构要求建设数字化、智能化气田，主要包括基础设施、数据管理智能中台和智能应用三部分内容。

基础层建设生产物联网（数据采集、过程控制、视频监控等）、通信（光纤环网、5G专网）；数据管理智能中台结合分公司和气矿实际情况，在数据中台数据管理模块中增加数字化移交、数据共享建设内容。新增智能中台，目标是实现可持续优化升级的人工智能学习、模型算法管理、推理服务、AI服务等能力；应用层主要围绕四大新型能力建设，实现现场生产的智能化和日常工作流程的智能化。

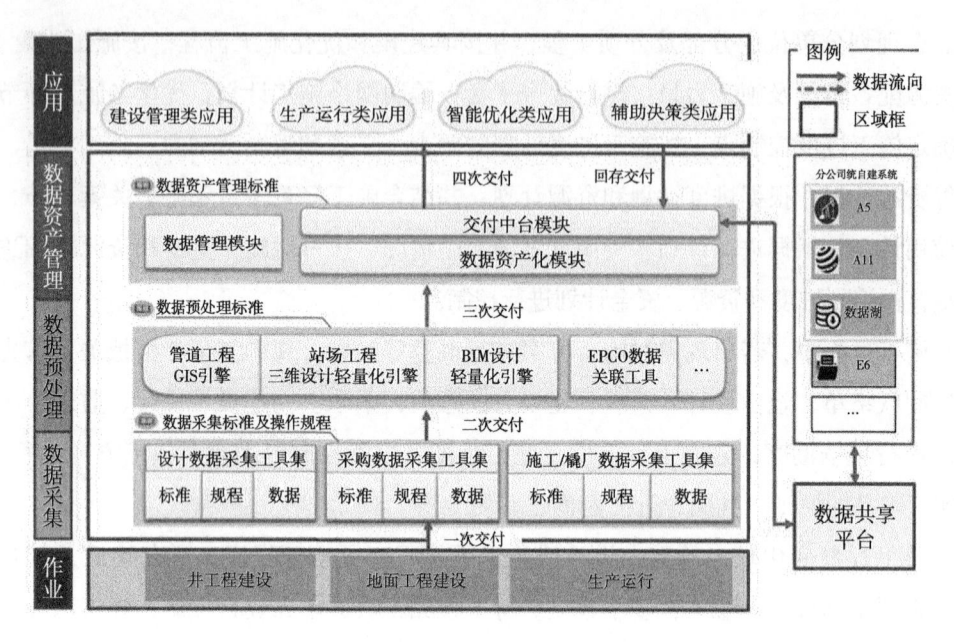

图 5.2　总体架构图

2. 数字孪生体

（1）数据预处理标准。

针对高含硫气藏地面工程建设的实体对象（内部集输站场与管道、天然气处理厂等），结合高含硫特点，形成数据预处理标准。

（2）数字孪生体。

采集的数据经过预处理，才能形成数字孪生体，并以此为基础开发辅助决策与管理应用。数字孪生体是油气田工程实体对象的数字化表达，是以三维设计模型为基础，利用 GIS 引擎，处理厂三维设计轻量化引擎，BIM 引擎，通过 EPCO 关联工具关联实体对象全生命周期多种属性的数字镜像。该镜像用于支持可视化的业务管理系统、实体对象的全生命周期管理系统、以设备运行异常监控为目的的智能仿真系统等。

数字孪生体的构建源于三维设计、胜在数据关联，是一个设计主导，采购、施工、检测、监理、业主等单位持续参与、不断加载、多方应用的过程，而不是一个建设数据向三维模型进行"硬加载"的结果。

3. 数据管理智能中台

根据开发方案为气矿规划构建的数据管理智能中台，需实现对地面建设和生产运营阶段的数据统一存储和管理，面对智能应用提供统一的数据交付服务，为智能应用提供可持续发展的数据基础。

1）逻辑构成

（1）数据接收：全面接收建设阶段的数据，完成数据标准化，包括设计、采购、施工过程中的结构化和非结构化的数据，并按业务需求接收和缓存运营阶段的数据。

（2）数据仓库：融合多维度的数据，利用对象化建模和图数据库技术，实现结构化数据和非结构化数据的关联、建设阶段数据和运营阶段数据的整合、历史数据和实时数据的汇聚。

（3）数据移交仪表盘：沉淀业务组件并打造专业可视化展台，支撑移交过程的专业可视化展示。

（4）数据服务：构建轻量化的数据服务，按照数据服务理念构建数据服务体系，保障数据的共享与复用，通过敏捷交付的方式满足多样化的数据应用需求。

（5）数据资产管理：强化数据管控，实现数据资产的全生命周期管理以及贯穿"采、存、交、用、管"各个阶段的标准形成和标准运用。

2）功能架构设计

根据对平台整体设计方案的理解，依据数据的全生命周期流程，对数据管理智能中台规划和设计了五大层，分别是：数据采集层、数据存储层、服务交付层、数据应用层和数据管控层。

（1）数据采集层。

数据采集层是平台对外接入数据的统一入口，目前主要对接设计类、采购类和施工类的业务数据，通过该层可以实现数据抽取、文件上传、内容解析和相关 ETL 的任务调度等功能。

（2）数据存储层。

数据存储层是平台核心能力层，在该层中将接入层采集和转换后的数据依据数据类型进行异构存储，结构化数据（站场数据、采购数据、管网数据等）和非结构化数据（工程图纸、3D 模型等）会持久化到不同的存储介质。

平台依据业务模型的定义，将数据按业务领域、业务子类和业务对象进行划分定义，同时依据数据模型中的概念模型、逻辑模型和物理模型进行归档存储，从而在后期的数据查询检索上实现快速定位。最后从数据生态的层面上出发，未来的数据对象一定是相对稳定、相对完善的企业数据资产，因此进入平台的数据都会按照平台模型库（业务模型和数据模型）的方式进行结构化、标准化处理，使其符合中国石油工程领域的数据标准，逐步提升数据质量从而形成中国石油工程领域的数据资产。

（3）服务交付层。

服务交付层是平台对外输出数据服务的统一接口层，由于平台所服务的应用众多、接口易变，平台不能为每套应用都提供特定的数据接口服务。因此在数据接口的服务层面需要具有开放性和标准性。其中开放性体现在能够对接不同的应用系统，通过简单的配置设定可以为各类应用提供高兼容、可扩展的服务适配，基于面向服务的 SOA 架构以松耦合的结构来整合内外部服务和应用的数据贯通。而标准性上考虑到目前企业在工程建设上面，其终端设备的类型多样复杂，包括手机、平板、桌面电脑、其他专用设备等，为了兼容不同类型的数据访问和交互，需要以标准的通信协议和操作定义来实现对各类数据管理智能中台应用端的服务支持。

（4）数据应用层。

数据应用层是大数据底层架构的最外层，直接面向最终提供应用服务。数据应用可以包括各种领域的应用程序，如商业智能、智能推荐、风险管理等。这些应用程序能利用底层的数据收集、存储、处理和建模的结果，提供直观、高效的数据服务。在大数据应用中，通常采用实时和批处理两种方式来满足不同场景的需求。

（5）数据管控层。

数据管控层是平台整体运维和监控的核心区域。通过管控层可以实现平台整体运行状态实施监控，准确发现和纠正数据故障，及时调整和跟踪数据服务支持，同时借助完善的鉴权授权机制确保数据使用的合法性。最后通过统一的数据管控门户创建和维护数据资产和模型构建。

九、模块化、橇装化设计管理

为了提高设计质量和效率，标准化设计采用三维配管设计，模块化施工，为实现工厂化预制创造了条件。在标准化设计工程的模块化设计中，统一的工艺流程、定型的设备和标准的材料、规模化物资采购，为工厂化预制提供可能。工厂化预制充分体现专业化分工的思想，将复杂的建设过程细分为多个简单作业，并专注于简单作业过程和产品制造，推动在各个领域技术进步和施工效率的提高，同时降低建设成本，缩短了建设周期。

标准化设计工程应当结合高含硫气藏现场实际和标准化工艺流程的特点，对不同功能区进行模块化划分和橇装设计，充分利用资源，采用现场预制的方式进行模块和橇装预制。在预制场进行分项批量预制，组件成模块后运至现场拼装，可大大提高现场施工速度。

井场的主要工艺装置成橇和药剂加注泵成橇的模式应当根据工程实际情况进行选择。橇内主要设备采购后，运送到站场附近的预制场，由成橇厂根据橇装设计要求进行工厂化预制，集中完成加工、焊接、热处理、检测、组装。对于井场、泵站等的各个功能区块，包括井口区、分离计量区、放空分液罐区、清管装置区等的工艺管道，由各个施工单位在临近场站内或附近设置临时预制工棚，按照标准化设计统一的模块图纸完成加工、焊接、热处理、检测等集中预制配管工作，待设备就位进行拼装。

工厂化预制的过程中要求预制施工方将制作工艺流水化，形成工序衔接，流向顺畅，操作简捷、可靠、高效，采用模块化预制工艺卡，统一工艺流程，统一工序检验标准。

十、物联网管理系统

物联网管理系统是贯彻设备全生命周期管理理念，对物联网数据进行有效展示、存储、管理、分析应用的专业系统。该系统部署于生产控制网，通过与DCS、SCADA等系统的数据交换，集成工业视频等各类系统，获取现场仪表、设备的全面数据，集成整合多个数据来源，获取设备相关的动静态数据，建立设备电子台账，有效掌握设备运行状态，基于物联网数据对分析利用，开展设备预测性维护，提供设备管理标准化工具、提高设备维护效率、提供有效的数据支持，从而提高自控系统的运行效率。此外，基于支持MQTT等物联网标准协议，可为各类管理系统提供有效管理数据，全面提升业务管理系统生产数据的时效性和准确性。物联网建设、运行技术、实施范围及基本功能、扩展功能、控制系统数据编码规范应满足油气生产物联网建设规范要求。

1. 主要功能

（1）自动采集管理通过物联网网关接入的各种设备，支持HART、MODBUS等标准协议。实现自动组态、自动更新、自动记录等功能，达到无人值守、自动运行。

（2）具备DCS、SCADA系统OPC UA接口功能，以及PLC、RTU系统通信功能，自动采集各类自控系统实时数据。

（3）具备设备RFID标签数据集成功能，可实现设备RFID标签与设备动静态数据配对、查询等功能。

（4）建立设备管理电子台账，具备实时数据库和历史数据库融合系统。有效对物联网数据进行有效的管理和数据更新。

（5）具备设备管理数据黑匣子功能。自动全面采集、记录各类设备数据，提供实时及历史数据、查询、展示等功能。

（6）具备设备状态实时分析、诊断功能。通过采集设备自诊断状态数据，开展实时数据比对、历史数据类别，实现设备状态分析诊断功能。

（7）具备工业视频、防爆手持终端等设备集成联动功能。支持设备巡检自动记录和图片抓拍同步。

（8）具体能源管理功能，提供能源仪表的数据显示、统计、查询。能源报表显示等功能。

（9）提供 Web service 接口和 OPC UA 接口，支持业务应用系统数据共享。

2. 系统架构

物联网系统总体架构及应用层、调度层、监控层、通信网络架构功能及配置应满足油气生产物联网建设规范的相关要求。

物联网管理系统的系统结构图如图 5.3 所示。

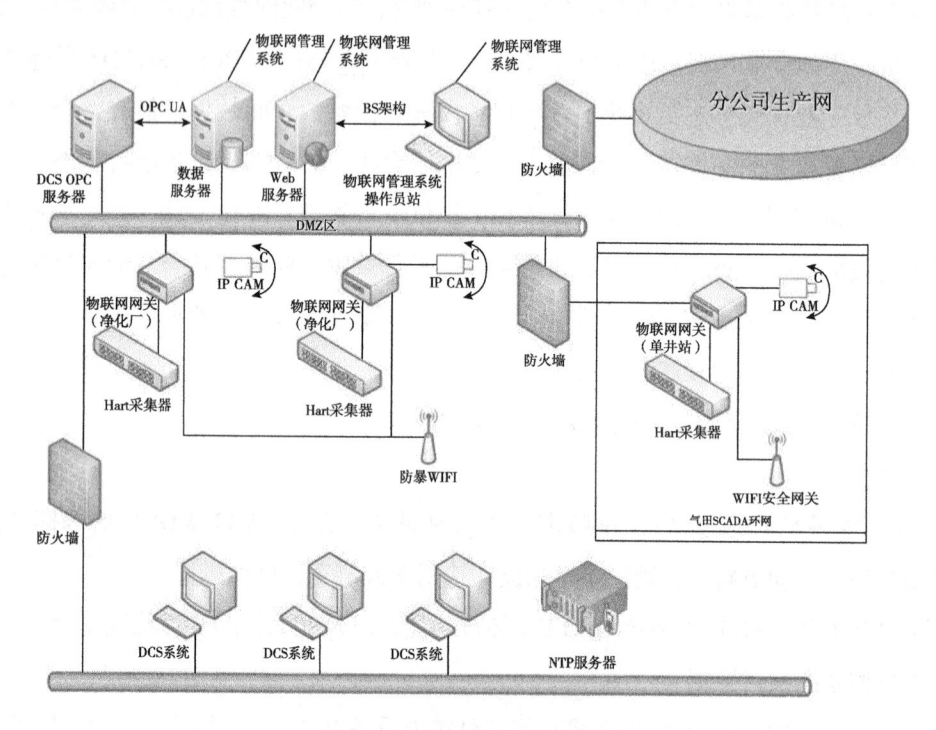

图 5.3 物联网管理系统结构图

第四节 高含硫气藏地面建设工程职业健康安全与环境管理

项目职业健康安全与环境管理，是施工管理者运用经济、法律、行政、技术、舆论、决策等手段，对人、物、环境等管理对象施加影响和控制，排除不安全因素，以达到安全生产目的的活动。

一、生产管理

（1）严格执行作业许可制度。

施工现场成立了专门的作业许可管理团队负责现场作业许可的管理，制定有严格的作业许可办理规定和流程。特殊作业许可有效性为1天，一般作业许可有效性为7天。

（2）严格执行机具设备检查、能量隔离、挂牌上锁制度。

聘请相关公司对特种设备（吊装设备，塔吊、挖机、钻机设备等）及运输车辆等进行入场前检查验收和使用过程中定期和不定期检查，合格才允许使用。第二方服务公司专职安全人员进行能量隔离和挂牌上锁管理。

（3）加强施工机械和车辆管理。

加强施工机械和车辆管理，施工机械按照规定的位置和线路设置，摆放整齐，机身保持整洁，标记编号明确，安全装置灵敏有效。车辆行进路线要提前规范和标识，主装置区、公共工程区在可能的情况下，设置人员、车辆分道进场安全通道。

二、生产安全事故应急预案和事故事件处理

（1）开展入场培训和特殊作业培训。

聘请安全培训人员，设立安全培训机构，开展入场培训和特殊作业培训（挖掘、脚手架搭设、高空作业、起重吊装作业、受限空间、能量隔离、临时用电、交叉作业、急救等）。

（2）积极开展应急演练。

施工过程中不定期开展高风险作业应急演练，如聘用专业高空救援队伍，制定针对性的应急演练方案，配备专业救援设施、物资、队伍，不定期开展各种应急演练。现场设立救援医疗车。与当地医院建立合作伙伴关系，专门配备满足项目需求的医疗设施和药品。

（3）停工授权卡使用。

全员参与现场安全管理，所有作业人员均持"STOP"卡，持有者都有权力和责任"阻止任何不安全工作行为"，任何人对随时发现的不安全活动及时出示停工授权卡，及时处理或者报告区域安全人员处理。

三、事故现场职业健康安全与环境管理

（1）全员参与，执行无事故、无伤害（IIF）管理理念和目标。

聘请相关公司对业主和承包商包括油建公司进行无事故、无伤害安全理念培训，油建

公司从签订合同、入场、建设均持续进行IIF理念培训和考核，合同结束后对承包商的安全业绩和表现进行评估。

（2）加强HSE投入、确保作业安全。

采用悬挑式脚手架及搭设钢跳板平台，为所有作业人员提供安全可靠作业平台，平台上行走如同地面一般。投入视频监控设备，覆盖全厂，组成天网监控系统，可实时了解工程施工进展情况、监控现场安全生产及安保工作。

（3）试压废水无害化处理。

对于试压后产生的废水，应当在中和后进入污水处理池进一步处理。

①碱性废液的处理：脱脂结束后，废液中的碱含量为0.5%～2%，pH值>10，碱性较强。在中和槽内将碱性废液与酸相互中和，使pH值达6～8，后排入指定排污池。

②酸性废液的处理：酸洗结束后，废液中酸含量为2%～5%，pH值<1，酸性很强，对于含氢氟酸的废水，先采用氯化钙使氟离子沉淀，然后加碱调节pH值至6～9，后排入指定排污池。

③钝化废液的处理：钝化液主要是$NaNO_2$的处理，采用氨基磺酸处理，调节pH值为6～9，后排入指定排污池。

第五节 高含硫气藏地面建设工程法兰管理

法兰安装管理包括法兰面粗糙度检测、螺栓螺纹保护、垫片检查、法兰对中检测和扭矩检查，对不符合要求的法兰面进行维修，检查合格后方可进一步安装。

一、法兰管理范围

（1）系统化的工作管理程序。
（2）标准化的质量要求。
（3）针对性的培训。
（4）数据化的工作记录统计与分析。

二、引用标准

（1）《管法兰连接计算方法第1部分：基于强度和刚度的计算方法》（GB/T 17186.1—

2015）；

（2）《压力管道规范工业管道》（GB/T 20801—2020）；

（3）《钢制管法兰、垫片、紧固件》（HG/T 20592～20635—2009）；

（4）《法兰及其接头与圆形法兰接头设计相关的垫片参数及其试验方法》（EN 13555—2014）；

（5）《压力容器》（GB/T 150—2011）；

（6）《钢制管法兰连接用紧固件》（GB/T 9125—2020）；

（7）《压力边界螺栓法兰连接装配指南》（ASME PCC-1—2013）；

（8）《管法兰和法兰管件 NPS 1/2 至 NPS 24 公制/英制标准》（ASME B16.5—2013）；

（9）《大直径钢法兰 NPS 26～NPS 60 米制/英寸标准》（ASME B16.47—2011）；

（10）《管道法兰用金属垫片》（ASME B16.20—2017）；

（11）《管法兰用非金属聚四氟乙烯包覆垫片》（GB/T 13404—2008）；

（12）《管法兰用金属包覆垫片》（GB/T 15601—2013）；

（13）《管法兰用非金属平垫片尺寸》（GB/T 9126—2023）。

三、法兰管理团队组织构架

图 5.4 为法兰管理团队的基本组织构架，具体可分为项目主管、法兰安装班组、法兰安装人三个团队。

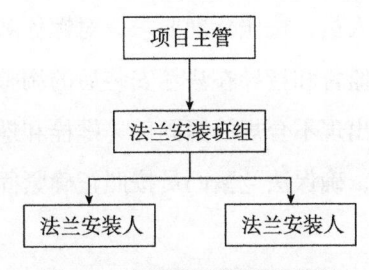

图 5.4 法兰管理团队组织构架

1. 项目主管

项目主管职责如下：

（1）召集参与法兰管理工作的业主方和承包商施工队，进行各项培训和技术交底，使所有人员熟悉和掌握法兰管理工作流程、质量标准要求，正确与安全使用专业工具。

（2）负责和甲方现场负责人，其他施工单位负责人对工作情况的沟通和协调，串联起整个项目工作有序进行。

（3）监督项目施工中承包商施工队的工作人员正确按照工作流程和标准规范进行。

（4）对法兰和紧固件进行检查，如法兰密封面缺陷、粗糙度、平整度等并记录数据。

（5）监督法兰重装过程，确保螺栓与螺母安装正确、润滑剂涂擦情况和垫片安装正确对中，以及没有碰伤法兰密封面情况，确认法兰错位和间隙调整，确保都处在标准许可的范围之内。

（6）监督和指导法兰紧固员使用合适的紧固设备和按照紧固程序进行紧固。

（7）向业主方汇报所有的不合格、不安全的情况，并给予改进和纠正方案。

（8）负责法兰密封面现场机加工修复。

（9）总结和提交项目数据记录和报告。

2. 承包商施工队

来自主承包商，职责如下：

1）法兰安装班组长

（1）指导、监督安装人员使用合格工具，以正确和安全的工序，对法兰进行拆卸和安装工作；

（2）监督和确保法兰正确摆放和做好防护措施；

（3）监督法兰密封面清洗工作，确保法兰清理员使用正确的工具和方法进行清洗；

（4）检查准备安装的螺栓和螺母尺寸正确，并在管理主管确认后，才可进行安装；

（5）从库存中提出正确的垫片，并在管理主管确认后，才可进行安装；

（6）指导和监督法兰安装人员，按照标准要求，对螺栓和螺母进行涂擦防卡润滑剂；

（7）和法兰管理主管一起监督和指导在法兰安装后的调整要求；

（8）向法兰管理主管报告出现不合规的紧固件（螺栓和螺母）和垫片情况；

（9）监督和指导紧固工作，确保法兰紧固员按照正确紧固工序进行。

2）法兰安装人员

（1）使用合格和安全的吊装设备和工具，遵从安全作业程序来进行法兰重装工作；

（2）在进行重装法兰过程中，应时刻注意避免法兰密封面碰伤，在必要时，对法兰密封面采取保护措施；

（3）咨询法兰管理主管，确保正确安装合规格的垫片和螺栓、螺母；

（4）对已领取的垫片进行有效的保护，避免破坏垫片的结构和造成损坏；

（5）遵从正确的螺栓防卡润滑剂涂擦方式和要求，进行涂擦；

（6）在完成垫片和螺栓安装之后，对法兰进行错口，平行度，螺栓孔中心调整；

（7）确保法兰管理主管全程参与回装过程。

3）法兰紧固员

（1）遵从公司和业主方各项安全规定，正确穿戴劳保着装，熟悉工作区域和现场情况，使每项工作符合业主方 HSE 要求；

（2）根据现场不同的紧固条件，正确使用合适的紧固设备；

（3）按照法兰管理主管提供的螺栓扭矩值，严格按照标准紧固程序，进行螺栓紧固工作；

（4）工作完成之后，收拾所有工具和设备，并将工作现场清扫干净；

（5）对使用的设备有管理职责，紧固设备出现损坏，丢失情况，及时上报。

四、法兰管理技术方案

1. 前期工作准备

（1）培训。

对承包商施工人员进行培训，明确责任和技术要求，培训合格后才能上岗作业。

（2）法兰台账建立。

JAS 法兰管理标准数据库，采集原始数据包含设备号，法兰的尺寸、等级、形式和材质，垫片的尺寸、形式和材质，螺栓的材质、长度、数量和螺距，螺母材质，对平面，所有的原始数据在数据库内都可以查询。

（3）预紧力扭矩计算。

非标法兰扭矩值是根据法兰的刚度和强度，垫片的强度，螺栓材料和润滑剂摩擦系数，法兰接头工作状况和温度等综合评估后，根据扭矩计算公式所得进行适当调整。

（4）入库新法兰检查。

对已经入库的新法兰进行检查，是否存在法兰密封面粗糙度不合格，有缺陷等不良问题，监督法兰正确摆放和做好密封面保护措施，检查结果及时上报项目组负责人，如有问题，及时整改或解决。

2. 施工过程

提供法兰管理技术服务，在施工中负责检查法兰密封面和紧固件，指导和监督承包商施工队法兰回装对中和紧固施工，抽查法兰紧固扭矩值，确保施工人以我方的要求进行工作，按管理流程完成现场施工。

（1）法兰密封面检查和修复。

①依照法兰密封面缺陷，粗糙度，平整度逐项步骤对法兰进行检测，并记录各项数据；

②当法兰密封面检查出不合格事项时，填写报告并向业主方提出整改报告和加工方案，

经业主方相关部门评估，同意修复后按照相应的JSA和作业规程对法兰及时进行修复、更换；

③修复、更换完成后，及时记录数据，填写法兰机加工报告。

（2）密封面修复要求。

①机加工后的法兰密封面，其密封面缺陷，粗糙度，平整度，必须符合《压力边界螺栓法兰连接装配指南》（ASME-PCC—1）；

②法兰密封面应保持清洁，无缺口、沟槽和毛刺，无油脂，严重压痕等影响密封的缺陷。

3. 垫片要求

（1）按安装程序文件的要求核对垫片的尺寸和材质。

（2）垫片应有标示，不得随意切割或改造垫片。

（3）安装垫片前，应确认其无任何诸如弯曲、折痕、缠绕圈松弛、表面划痕、毛刺等影响密封的缺陷，损坏的垫片应更换。

（4）非金属平垫片和金属缠绕垫不应重复使用。

（5）垫片安放于法兰密封面中央，与法兰内径同心。安装垫片过程中应采用适当的方法进行定位，不得使用胶带固定垫片，不得使用润滑脂（除非垫片制造方有特殊要求）。

（6）将法兰闭合，确保垫片不被压坏。

4. 螺栓要求

（1）按安装程序文件的要求核对螺栓、螺母（垫圈）的材料、尺寸、类型。

（2）螺栓应正确标示，螺栓防护层应完好，螺栓和螺母的螺纹应无变形以及毛刺、毛边、裂纹等损伤，如发现应进行修理或替换。

（3）法兰与螺母的接触表面应平整，无目视可见不均匀磨损、严重凹陷、刮痕等现象。

（4）除安装程序文件另有规定外，采用扭矩扳手上紧螺栓时，应使用认可的润滑剂均匀地涂敷在螺栓工作表面以及螺母或垫圈的承载表面，避免润滑剂沾染在垫片和法兰密封面上，带涂层新螺栓不需使用防咬合润滑剂，但在第二次使用时，应涂上防咬合润滑剂。

（5）将螺栓和螺母装配在法兰的每个螺栓孔上，紧固前手工将螺母适当拧紧或旋转到标记位置，每个螺栓端部伸出螺母的螺纹个数大致相等，紧固后螺母应完全旋入螺栓或螺柱的螺纹内，任何情况下，与螺母未啮合的螺栓或螺柱的螺纹应不大于2个螺距，采用螺栓拉伸装置时，应校核螺栓长度。

5. 法兰紧固

（1）依照JAS-WDS-002中的步骤一、步骤二对法兰、垫片及螺栓进行逐项检测；

（2）若检测不合格，按照JAS-FC-001和JAS FC-002工作流程，重新修复；

（3）检验合格后，按相应的作业规程及工作安全分析要求，对法兰进行紧固；

（4）紧固完成，填写 WDS-139 数据表。

五、检测

法兰力矩进行最终检测时，包括以下内容。

（1）检测范围：10% 法兰（根据实际情况调整）。

（2）扭矩范围：min=90%× 施工扭矩，螺栓不转动，到 max=110%× 施工扭矩；螺栓转动，合格。

（3）测合格，三方签字确认。

（4）测不合格，法兰管理主管向业主方汇报，并向施工方下发整改通知单，跟踪整改进度，根据 FC-002 是否流程对法兰进行重新施工，直至合格。

（5）气密检查合格，施工合格；气密检查不合格，则返回 FC-002 施工流程，查找原因，重新施工。

（6）在项目完成后，向项目负责人提交完整的工作报告。

六、项目总结

项目完成后，项目总结报告和完整的数据记录将是法兰管理的重要组成部分：项目总结报告参见法兰管理项目总结表、完整的数据记录。

第六节 高含硫气藏地面建设工程清洗及泄漏试验等管理

一、试压流程

（1）试压用临时材料准备；

（2）提交试压方案并获得批准；

（3）试压用施工机具准备；

（4）试压资料检查确认；

（5）试压检查清单确认；

（6）技术交底；

（7）试压实体检查确认；

(8)安全措施检查确认;

(9)管道气压试验。

二、吹扫、清洗试验

1.吹扫、清洗前准备

(1)系统吹扫前,应根据吹扫施工技术方案、吹扫流程图要求,将吹扫系统中的孔板、法兰连接的调节阀、节流阀、重要的阀门、喷嘴、滤网和特殊管道组成件、在线仪表等进行拆除,并按专业划分妥善保管。对于吹扫系统中的焊接式阀门或仪表,应采取走旁路、卸掉阀头或阀座加保护套等措施。

(2)用加临时盲板或断开加跨线的方法,使其与吹扫系统隔离。

(3)清洗作业厂区的场地的平整、硬化、防腐,沉降池、中和池和检验池硬化和防腐,排污管道的预制。

(4)确认施工现场、被清洗设备允许进行清洗作业。

(5)现场施工人员必须按时进驻现场,清洗设备、原材料到位。

(6)对操作人员完成技术培训。

(7)设备、管件进行确认。

(8)水、电、汽等公用工程条件满足施工要求。

(9)排污系统畅通。

2.吹扫、清洗试验

(1)强度试验合格后,气密性试验前,应进行吹扫与清洗。

(2)清扫一般应用空气吹扫,如用其他气体吹扫时,应采取安全措施。忌油容器的吹扫气体不得含油。在空气吹扫时,排气口用白布或涂有白漆的靶板检查,如5分钟内检查其上无铁锈、尘土、水分及其他脏物即为合格。

(3)采用高压挠性管道喷枪对不锈钢管道/管道预制件逐根冲洗,彻底清除管道内外的灰尘和固体污物,防止杂质污染清洗剂;待冲洗水清澈、管道表面目测无灰尘和污物时,冲洗结束。

(4)水冲洗结束后,采用专用清洗剂对管道预制件进行浸泡清洗;在浸泡清洗过程中,采用压缩空气对清洗剂进行搅拌,使清洗液浓度均匀;待金属表面油污、锈垢和焊接氧化皮清洗彻底后结束。

(5)浸泡清洗结束后,立即对不锈钢管道/管道预制件逐根采用纯水进行高压冲洗,纯水技术指标应符合要求;采用pH试纸或pH计对冲洗水进行测试,当pH值不小于7时结束。

（6）水冲洗结束后，对管道预制件逐根进行自检，自检合格进入下一步干燥程序，自检不合格的返回再进行浸泡清洗；在强光灯下检测管道内外无锈垢，焊接氧化皮清除干净；在黑光灯下检测管道内外无荧光现象或采用干净的无尘布擦拭无污物；对于清洗等级为洁净清洗的管道，还应进行管道内表面溶剂全面擦洗。

（7）对于有酸洗钝化要求的容器应进行容器酸洗钝化处理。

（8）将管道/管道预制件吊入酸洗池内进行酸洗除锈，以除去碳钢管道/管道预制件表面的锈蚀产物。酸洗的目的是利用酸洗液与锈垢类物质和腐蚀产物进行化学和电化学反应，生成可溶物，使管道/管件表面清洁。

三、清洗及试压前准备

1. 前期准备

（1）容器的压力试验。须在容器制造完工检验合格、容器装配过程的工序传到试压工序后，容器涂装前进行。

（2）压力试验操作人员操作前必须先熟悉图纸和过程卡的试压内容规定。

（3）压力试验应在规定的场地进行，场地应有可靠的安全防护设施，并应经单位技术负责人和安全部门检查认可。耐压试验过程中，不得进行与试验无关的工作，无关人员不得在试验现场停留。

（4）容器开孔补强圈在耐压试验前应通 0.4 ～ 0.5MPa 压缩空气检查焊缝质量。

（5）必须用两个量程相同的并在检定周期内的压力表，量程是试验压力的 1.5~3 倍，最好选用 2 倍。压力表应符合《压力容器安全技术监察规程》的有关规定，并安装在试验装置顶部上便于观察的部位。

（6）管道试压包准备就绪并经批准。

（7）管道试压前，检查清单确认并经批准。

（8）管道试压用的临时材料及工装准备就绪并经检查确认（分气包已经试验并确认合格）。试压用临时材料应喷上红漆，不可同正式合同材料混淆。

（9）空压机现场调试合格并确认可投入使用。

（10）管道试压进气管线经现场确认符合要求并完成准备工作。

2. 安全试验

（1）耐压试验必须由合格的压力容器耐压试验工操作。试验前，操作工对试验工具进行检查，确定符合要求后，才能使用。

（2）耐压试验工操作时，必须熟悉图样的技术要求，并严格按照本程序压力试验条款进行。

（3）耐压试验全过程，有关检验人员必须自始至终在现场参加进行。耐压试验工应该认真填写《试验报告》，检验人员监督核实，存档。

（4）与试验无关人员不得进入试压场地，在试验压力条件下，任何人不得接近容器，待降到设计压力后，方可进行各项检验。

四、试压试验

1. 气压试验

（1）试验前，应对试压管道进行预吹扫，保证试压管道内部的清洁符合要求。

（2）气压试验除图纸标明或事先征技术部门同意外，一般不得以气压试验代替液压试验。

（3）测试用的临时盲板应同测试压力相符。

（4）在连接试验管道系统的分气包上是安装安全阀。

（5）应先缓慢升至规定试验压力的10%，保压5~10min，并对所有的焊缝和连接部位进行初次检查；如无泄漏可继续升压至规定试验压力的50%，如无异常现象，其后按每级为规定试验压力的10%，逐级升压到试验压力，保压30min；然后降至规定压力的80%，保压足够时间进行检查，检查期间压力应保持不变。不得采用连续加压以维持试验压力不变的做法。

（6）试压过程中，试压范围内管道系统不可进行任何形式的冲击负载如榔头敲击。

（7）试压过程中，检查管道支、吊架是否完好。

（8）试压过程中不可有任何的塑性变形。

（9）试验结束后，应及时拆除盲板、膨胀节限位设施。

（10）含有止回阀等单向阀门排气时，没有旁路可进行排气时，可将止回阀盘拆除。如果止回阀帽打开，要移除垫片。

（11）试验过程中发现泄漏时，不得带压处理。消除缺陷后，应重新进行试验。

2. 气密性试验

（1）气密性试验所用气体应为干燥、清洁的空气、氮气或其他惰性气体。

（2）气密试验时，必须进行预试验。预试验压力不应大于0.2MPa。

（3）进行气密性试验时，安全附件应安装齐全，如需投用前在现场装配安全配件，应在压力容器质量证明书的气密性试验报告中注明装配安全附件后，需再次进行现场气密性试验。

（4）对于氦氮气体泄漏检测时，应先用氮气进行置换吹扫，且压力应逐步缓慢增加，当压力升至试验压力的50%时，采用氦质谱检漏仪对其进行检漏，经检查，如未发现异状或泄漏，继续按试验压力的10%逐级升压，每级稳压10~30min，对系统进行查漏，直至气密试验压力。停压时间应根据查漏工作需要而定。以氦质谱检漏仪未报警，或发泡剂检验不泄漏为合格。

（5）系统气密试验压力较高时，压力升至试验压力的50%前，应增加停压检查次数，避免高压检查的危险。

（6）检漏是气密试验中最重要的程序，检漏的重点为焊缝、法兰、阀门的填料函、法兰或螺纹连接、仪表接头、管嘴等处的泄漏情况。检漏人员应细微入至，不放过每一个接口，不放过每个微小的渗漏，否则将给以后的运行带来隐患。检漏人员分管线进行检查，并有专人负责。查漏人员二人为一组，查漏时相互照顾，认真仔细，既要保证安全又要保证查漏质量。检漏时检漏人员在已检位置做标记，以免漏检和重复检验。

（7）气密试验合格后应缓慢降压，排放口应尽量利用系统内的放空管。临时放空管应接到装置外进行排放，排放管应牢固可靠，能承受反冲力的作用。

五、安全要求

（1）进入现场必须正确佩戴安全帽、钢头皮鞋、防护眼镜和长袖工作服等，高空作业须系好安全带，严禁高空投物。

（2）施工单位应编制一个安全评估方案来确定每个压力测试系统的专有区域范围。

（3）试压专属区域应设立在压力测试管道周围，并设立障碍或警示牌。对于气压试验，最小的安全距离为7.6m。

（4）只有参与试验并熟悉本方案的人员方可进入专属区域，其他人员不可进入。当试验压力在设计压力以上的时候，试验区域不应该有人员。

（5）带压管道不得敲打或随意处理带压部位。

（6）气压试验时，压力边界阀、试压盲板要挂"禁止操作"牌，升压时试压管线区域管道气压试验方案要拉警戒线，同时试压人员不得站在法兰面侧面或试验盲板的正面，注意自身的保护。

（7）气压试验中所有组件的最低金属温度应为15℃，若在更低温度下进行，必须进行安全评估，最小金属温度要求应符合螺栓紧合以密封试验中发现的法兰泄漏，测试时不可进行螺栓紧合。

（8）吹扫、试压时要有统一的组织机构，统一指挥。

（9）试压应按照批准的方案执行。

第七节　高含硫气藏地面建设工程抗硫碳钢管/复合管施工及检测工艺

抗硫碳钢管为低碳微合金管线钢，具有高强度、高韧性和抗脆断，以及抗 HIC 和抗 HS 腐蚀性能，主要用于高含硫化氢介质管道中。目前，仅有个别国家能生产抗硫碳钢管。抗硫管焊接接头对温度有较强的敏感性，易产生延迟裂纹，因此，焊缝焊前预热、焊接过程中层间温度控制、消氢处理、焊后热处理等尤为重要。

一、焊接施工工艺

1. 准备工作

（1）检查管口清理质量，坡口两边 50mm 范围内彻底清除氧化皮、锈、漆、油脂、水分等污物。

（2）管道组对时，严禁用锤击或加热管子的方法来校正错口，使用外对口器进行对口，组对过程中不允许强力对口严禁产生应力。

（3）检查管道预制坡口的尺寸，符合设计图纸和焊接规程的要求。

（4）保证所有焊缝、热处理以及检测设备的完好性和使用性。

（5）所用焊接材料的规格型号应符合焊接规程的要求。

（6）焊接人员须持国家检疫检验总局颁发的对应项目的操作证和上岗证进行焊接操作。

（7）施工人员应熟悉本工序的施工作业指导书。

2. 焊接材料及设备

（1）焊接材料。

主管线焊接采用金属粉芯半自动下向焊 GMAW（下）+ 焊条电弧焊上向焊接（SMAW）的组合焊接方法。焊接材料采用 1.2mm 金属粉芯焊丝（牌号：Metalloy71b1.2mm）进行根焊，焊条标准号为 AWS 5.18E 70 C–6 MH 4；填充盖面采用 4.0mm 焊条（牌号：LB-52 RC 4.0mm）进行填充盖面焊，焊条标准号 AWS 5.1 E 7016。

（2）保护气体。

90% 的 Ar（99.999%）和 10% 的 CO_2（99.99%）保护气体。

（3）焊条烘干。

焊条烘烤温度为 300~350℃，保温 1h，放在保温桶内，随用随取，焊条烘干次数不得超过2次。

（4）对口设备。

采用自制外对口器，每个机组配备1个，备用1个。

（5）焊接设备。

每个机组配备2台金属粉芯焊接电源打底和4台直流焊接电源填充盖面。

（6）加热设备配备（按每个机组配备）。

①预热设备为自制环形火焰加热器1套；

②层间保温加热器PWK-C-60 0306型履带式电加热器1套；

③焊后热处理加热器PWK-C-60 0306型履带式电加热器1套。

（7）检测设备。

硬度检测仪1台，焊缝检测尺2把，远红外线测温仪1台，测风仪1台，防雨防风棚2套。

3. 焊接工艺

用外对口器组对坡口，组对时，两管口直缝应至少错开100mm，其错边量不应大于1.6mm，且严禁产生应力，满足设计图纸和焊接工艺规程的要求。

（1）焊前预热。

①采用自制环形火焰加热器进行预热，预热温度为100~150℃，预热的范围不大于100mm；

②测量预热温度时，应待母材厚度方向上温度均匀后用远红外线测量仪测定温度。

（2）根焊和热焊。

①使预热温度保持在100~150℃，此时，采用金属粉芯焊丝半自动下向焊根焊，保护气体的流量为15~20L/min，所完成的根焊应分为多段，且均匀分布，以减少焊接应力；

②根焊接头时，把接头处打磨出缓坡状，以保证焊缝背面成型良好；

③根焊完成以后应尽快进行热焊，热焊采用金属粉芯焊丝半自动焊接，层间温度不低于预热温度且不大于200℃，否则应进行重新加温，用红外线测温仪在3点和9点位置测定，热焊完成后才能撤离对口器；

④每相邻两层焊道接头不得重叠，应错开20~30mm。

（3）盖面焊。

①盖面焊接采用焊条电弧上向焊接方法，因坡口较宽，采用排焊手法，后一道焊缝至少要覆盖其一道焊缝的1/3，保证焊缝与母材圆滑过渡，最大程度减少焊接应力。

②盖面焊完成后，使用钢丝刷对焊缝及其周围进行清理，然后检查焊缝外观质量，若缺陷超标，及时修补。

③焊后热处理加热器 PWK-C-60 0306 型履带式电加热器 1 套。

（4）焊缝外观质量检查。

①焊缝表面不允许存在飞溅、裂纹、未焊透、烧穿等缺陷。

②焊缝应整齐均匀。

③焊缝咬边深度不得大于 0.8mm；咬边深度在 0.4~0.8mm 时，任何 300mm 的连续长度，累计咬边长度不得大于 50mm。

④焊缝高度应不大于 2.0mm，6 点位置不大于 3mm。

⑤焊缝宽度以坡口两侧各宽 0.5~2mm 为宜，焊缝宽度控制在 29.6~35.4mm。

（5）消氢处理。

①焊后立即对焊缝进行消氢处理，且焊缝消氢的温度不得低于 100℃。

②消氢温度 310℃，保温时间 2h。

二、检测工艺

1. 无损检测

焊接完成 24h 后，可进行无损检测，检测方法采用 100%RT 和 100%UT。

2. 焊缝返修

无论外观检查还是无损检测，焊缝不能满足要求，需要进行返修，返修前，认真分析缺陷的性质和部位，使用砂轮机等工具对缺陷进行彻底清除，然后进行着色检验，合格后方可依据返修工艺进行补焊。

3. 焊后热处理

（1）采用履带式电加热器进行加热；

（2）热处理升温速度为 400℃以上不大于 200C/h，保温温度 621±10℃，保温时间 1h，降温温度 400℃以上不大于 260℃/h；

（3）热处理完毕，焊缝冷却后进行硬度检测，HV10 ≤ 248，应满足硬度要求。

三、抗硫碳钢管的焊接与检测

1. 焊接技术要求

1）焊接一般规定

现场管道的焊接作业应符合焊接工艺规程的规定，施焊环境温度、湿度应符合焊接工艺规程的规定。在下列任何一种环境下，如无有效防护措施，不应施焊：

（1）下雨、下雪。

（2）相对湿度大于90%。

（3）低氢型焊条电弧焊，风速大于5m/s。

（4）自保护药芯焊丝半自动焊，风速大于8m/s。

（5）气体保护电弧焊，风速大于2m/s。

（6）焊接部位温度低于0℃。

2）焊前准备

（1）应依据设计文件和焊接工艺规程要求，核对管道组成件和焊接材料；

（2）坡口加工应采用机械方法；

（3）管道组对前应清除管内杂物，将管端坡口及其内外表面50mm范围内完全清理至露出金属光泽，确保管端内外表面50mm范围内无铁锈、油污等杂物。

3）组对

（1）组对宜使用对口器，不能采用对口器组对时，可采用定位焊。对口器使用和定位焊应符合焊接工艺规程的要求。

（2）两相邻管的制管焊缝在对口处应相互错开，距离不应小于100mm。

（3）相邻环焊缝间的距离不应小于1.5倍管径，且不应小于200mm。

（4）当壁厚小于16mm时，管道组对错边不应大于壁厚的10%；当壁厚大于或等于16mm时，管道组对错边不应大于壁厚的10%，且不应大于2mm，局部错边不应大于3mm，错边应沿圆周均匀分布；当管端圆度超标时，应采用整形器调整。

（5）严禁采用锤击或加热管子的方法来校正错边，一旦错边超标，应将该口割除，并应重新组对。

（6）不等壁厚钢管对接时，应按焊接工艺规程要求对厚壁管管端进行削薄处理。

（7）严禁强力组对。

4）焊接

（1）预热时应均匀加热，预热的方法及温度应按焊接工艺规程进行。

（2）应采用测温仪器测量预热温度。

（3）不应在坡口之外的母材表面引弧或试验电流，并应防止电弧擦伤母材。

（4）根焊前应对定位焊缝进行检查，当发现缺陷时，应处理后方可施焊。根部焊接时宜对管端进行封堵，且不应移动钢管。

（5）焊接过程中应保证引弧和收弧处的质量，收弧时应将弧坑填满。

（6）内对口器应在根部焊道完成后方可撤除；外对口器应在根部焊道均匀完成50%以上后方可撤除，对口支撑和吊具应在根部焊道全部完成后方可撤除。

（7）多焊道焊接期间应保持焊接工艺规程规定的道间温度。当道间温度低于焊接工艺规程规定的温度时，应在焊道间重新加热。多层多道焊的相邻焊道接头应错开20mm以上。

（8）除焊接工艺规程另有说明外，前一焊道完成前不应开始新焊道。

（9）应采用手动或电动工具清除每一焊道的熔渣及引弧点、收弧点和焊道中的局部高凸处，并应检查收弧缺陷是否完全清除。

（10）盖面焊完成后，应清理焊缝表面熔渣及飞溅物。焊缝的整个圆周余高应均匀，余高超出部分可用电动工具磨除，但应圆滑过渡。

（11）每一个焊接接头宜在当天连续施焊完成。当天无法完成的焊接接头，熔敷金属厚度至少应为壁厚的50%且不应少于6mm，并应对整个焊接接头采取防雨措施。在重新焊接前，应采用目视或渗透等检测方法，确认已完成的焊道无缺陷，并应按规定进行预热。

（12）焊缝标识不应采用打钢印的方法进行标记。

2. 焊缝检测

1）焊缝检测一般规定

（1）焊缝应经外观检查合格后方可进行无损检测；

（2）有延迟裂纹倾向的焊缝，应在焊接完成24h后进行无损检测；

（3）检验前应清除焊缝及其两侧50mm范围内的熔渣、飞溅物和其他污物。

2）外观检查

（1）焊缝外观应整齐、均匀，无裂纹、表面气孔、表面夹渣等缺陷。

（2）焊缝外表面不应低于母材表面，焊缝余高不宜大于1.6mm，局部焊缝余高不应大于3mm，且连续长度不应大于50mm。余高超过部分应进行打磨，打磨时不应伤及母材，打磨后应与母材圆滑过渡。

（3）焊缝外表面宽度应比外表面坡口宽度每侧增加1.0～2.0mm。

（4）当盖面焊道局部出现咬边时，咬边深度不应大于管壁厚度的12.5%且不超过0.5mm。在焊缝任何300mm的连续长度中，累计咬边长度不应大于50mm。

（5）对于不具备射线和超声检测条件的角焊缝，应按现行行业标准《承压设备无损检测、第7部分：目视检测》（NB/T 47013.7—2012）中规定的检测方法对焊接接头内表面进行检查，合格级别应符合设计要求。

3）无损检测

（1）所有环焊缝均应进行100%射线检测，在热处理完成后应进行100%超声检测。对于不能进行超声检测的环焊缝，可选用射线、磁粉、渗透检测方法之一代替。

（2）对于角焊缝，热处理前后均应进行100%磁粉或100%渗透检测。

（3）焊缝的无损检测方法和合格级别应符合设计要求。

（4）射线检测应进行内咬边判定，根焊不应有内咬边。

3. 带缺陷焊缝返修

（1）根焊缺陷和裂纹性缺陷不应返修。

（2）焊缝同一部位仅可返修一次，一次返修不合格的焊缝应采用机械方法切除。

（3）焊缝返修焊的最小长度不应小于50mm，最大返修长度不应大于钢管周长的30%。

（4）焊缝的返修应按返修焊焊接工艺规程进行，返修焊接工艺规程应根据评定合格的焊接工艺评定报告编制，返修焊接工艺规程的内容应符合相关规定。

（5）焊缝返修前，应采用角向磨光机或其他机械方法消除缺陷，并应采用目视或渗透检测等方法确认缺陷已经完全清除。

（6）返修焊前应对整个管口进行预热。

（7）返修焊接应由具有返修资格的焊工在监督下进行施焊。

（8）返修部位应使用原来的检测方法重新进行检验。

4. 焊后热处理

1）一般规定

（1）从事热处理工作的人员应经过专业技术培训。

（2）凡经二次热处理的接头，均应再次进行超声波检测。

（3）在无有效防护措施的情况下，不应在雨雪天气进行焊后热处理。

2）热处理

（1）焊接工作全部结束并经无损检测合格后，方可进行焊后热处理。焊后热处理应符合现行行业标准《电热法消除管道焊接残余应力热处理工艺规范》（SY/T 4083—2012）的有关规定。

（2）焊后热处理应按焊接工艺规程规定的热处理工艺进行。

（3）热处理后，应进行硬度检测；当硬度值不合格时，可再进行一次热处理。进行第二次热处理后应按规定进行硬度检测。如硬度仍不合格，则该焊口应从管线上割除。

3）焊缝热处理质量检查

（1）热处理完成后，应按现行行业标准《高含硫化氢气田地面集输系统设计规范》（SY/T 0612—2014）规定进行母材、热影响区和焊缝的硬度检测，硬度值应符合设计要求。

（2）硬度检测宜采用带有打印功能的便携式硬度检测仪器。

四、复合管的焊接与检测

1. 焊接技术要求

1）焊接一般规定

（1）以 UNS N08825 合金复合管为例，焊接应满足《耐腐蚀合金双金属复合管焊接及无损检测技术标准》（SY/T 7464—2020）的规定要求。焊工应持有市场监督管理局颁发的《特种设备作业人员证》并按本标准要求通过上岗考试。

（2）无损检测人员应按照现行国家标准《无损检测 人员资格鉴定与认证》（GB/T 9445—2015）的相关规定取得相应检测方法的资格证书，并应取得《特种设备检测人员考核规则》（TSG Z8001—2019）相应检测方法的资格证书，同时应符合下列规定：

①无损检测人员应具有不少于 3 年的检测工作经验，并应对所检测复合管工程进行专门的技能培训并考试合格。

②超声检测（UT）检测人员应取得无损检测 UT-Ⅱ级资质，审核人员宜取得无损检测 UT-Ⅲ级资质。

③自动超声检测（AUT）、相控阵超声检测（PAUT）检测人员应经过专项理论知识的培训、并应取得相应操作、调试与图谱研判培训证书，且相应检测人员应按照《承压设备无损检测 第 15 部分 相控阵超声检测》（NB/T 47013.15—2021）规定要求，持有国家市场监督管理总局颁发的相应无损检测证书。

④无损检测人员应取得业主认可的机构颁发的资质证书。

⑤应对无损检测人员进行复合管焊缝检测能力评价。

（3）UNS N08825 含金复合管对接焊应采用 AWS 5.14 ERNiCrMo-3 焊材进行打底、过渡及盖面焊接。采用焊条电弧焊焊接时，填盖焊应采用 AWS 5.11 ENiCrMo-3 焊材焊接。

（4）在进行对口焊接组对前，应对线路直管与直管、直管与弯管相连的环向焊缝按《耐腐蚀合金双金属复合管焊接及无损检测技术标准》（SY/T 7464—2020）进行焊接工艺评定，并应依据焊接工艺评定报告编制焊接工艺规程。

（5）衬里复合钢管宜在沟下进行组对、焊接。

（6）组对前应逐根对管道内部进行清理，不应有积水、泥沙、油脂和其他物质。

（7）管道转角方向和角度应符合设计要求。当管道转角不大于 3°时，宜采取弹性敷设；当管道转角大于 3°时，应采用热煨弯管连接。

（8）施焊前，对管道坡口进行剩磁检查；当剩磁超过 15Gs 时，应采取措施对焊接接头进行消磁处理。

（9）施焊前，应采取内充保护气体等有效措施进行内部保护以避免根焊氧化。

（10）内充保护气体采用氩气等惰性气体，纯度不应低于99.99%，纯度和配比还应符合焊接工艺规程要求。

（11）焊接接头内充气保护应符合下列规定：

①置换后保护腔内氧含量应符合焊接工艺规程规定；当焊接工艺规程无规定时，保护腔内的氧含量应小于 500×10^{-6}；焊接工艺评定过程中使用的保护气和背保护气的纯度与露点应在焊接工艺中列出；生产焊接过程中采用的保护气和背保护气应达到或超出焊接工艺评定报告所示的纯度。生产焊接过程中的保护气和背保护气露点不应高于焊接工艺评定中所用保护气和背保护气的露点；背保护气氧含量不应大于 50×10^{-6}；保护气与背保护气体的氧气含量必须进行批量验证证明，除非是以液态方式供应并以汽化方式传送至焊接地。

②当焊缝厚度达到内保护气体撤除的最小焊缝厚度后，方可停止内部保护措施。

（12）当有下列情况之一且未采取有效防护措施时，不应施焊：

①下雨、下雪。

②相对湿度大于90%。

③低氢型焊条电弧焊，风速大于5m/s。

④气体保护电弧焊，风速大于2m/s。

⑤焊接部位温度低于0℃。

（13）每一个焊接接头应在当天连续施焊完成。当天无法完成的焊接接头，熔敷金属厚度至少应为壁厚的50%且不少于6mm。并应对整个焊接接头采取防雨措施。重新焊接前应采用渗透检测方法，确认已完成的焊道无缺陷。

2）复合管焊接工艺评定要求

复合管件的堆焊（包括返修焊）应由考核合格的焊工按照评定合格的焊接工艺完成。制造复合管件所采用的所有焊接工艺规程应满足《压力容器焊接规程》（NB/T 47015—2011），焊接工艺评定应按《承压设备焊接工艺评定》（NB/T 47014—2011）进行，同时还应满足 ASME IX、ISO 15614—7 的相关规定。

焊接工艺评定和焊接工艺规程应包括但不限于以下内容：基层材料、耐腐蚀合金层材料以及填充金属材料规范；焊接工艺，焊接方法，包括内壁堆焊以及补焊工艺；每种工艺的壁厚范围；焊接位置；每道或者每层填充金属规格；送丝速度；每道焊缝熔深；每层焊道厚度；保护气体名称、类型及组分；保护气体流量焊道数量及顺序；焊接参数，如电流、电压、速度、极性；预热要求及程序（如果有）；焊接环境。

（1）焊接工艺评定的目的在于验证按给定的预焊接工艺规程进行焊接后，其焊接接头能否获得符合工程设计的力学和理化性能（强度、塑性、化学成分和耐腐蚀性）的要求。应按《耐腐蚀合金双金属复合管焊接及无损检测技术标准》（SY/T 7464—2020）进行焊接工艺评定，并应依据焊接工艺评定报告编制焊接工艺规程。

（2）焊接方法应为钨极氩弧焊（GTAW）、熔化极气体保护焊（GMAW）、焊条电弧焊（SMAW）。不少于内保护气体撤除的最小焊缝厚度以及包括根焊、过渡层在内的复合管的环焊缝或角焊缝的焊接，应使用GTAW、P-GMAW或其组合进行低热输入焊接。所有接头形式的焊接不应使用单层焊，根焊不应熔入基层材料，且根焊应是纯CRA与CRA之间的焊接。复合管推荐采用U形坡口。具体焊接方法和坡口形式以焊接工艺评定为准。

（3）凡变更焊接基本要素时应重新进行焊接工艺评定，基本要素应按照《耐腐蚀合金双金属复合管焊接及无损检测技术标准》（SY/T 7464—2020）标准规定执行。

（4）焊接工艺评定宜由业主选定的施工承包商组织完成，且应由有资质的焊接技术单位执行。

（5）返修焊应进行焊接工艺评定，并编制专项焊接工艺规程。

（6）焊接接头试验试样的制作和焊接应符合焊接工艺指导书的规定。

（7）复合管件的表面质量、缺欠和缺陷处理应满足《石油天然气工业用耐腐蚀合金复合管件》（GB/T 35072—2018）的要求。

①复合管件的基层不允许补焊。

②覆层的补焊按照评定合格的焊接工艺进行补焊，同一缺陷位置最多只有一次焊接修补。

③堆焊层的修复补焊应按照以下工作流程进行：先对堆焊层的缺陷进行修磨处理，清除缺陷，然后进行PT检测，合格后再进行堆焊，第一层堆焊层完成后，再进行PT检测和游离铁试验，合格后再进行第二层堆焊，第二层堆焊层完成后，再进行PT、RT和UT，检测结果应满足技术规格书规定要求。

④修磨后应对修磨部位进行测厚，覆层材料修磨的厚度后不应低于3.0mm的最小设计厚度。

⑤复合管件成品出现任何目视可见的变形，将被拒收。

3）复合管焊接工艺评定试验要求

焊接接头试验应至少包括金相分析、硬度检测、拉伸试验、弯曲试验、夏比冲击试验、焊接接头化学成分分析、耐腐蚀试验及CTOD试验，试验要求应符合设计文件规定的要求，并应满足下述要求：

（1）应按照《用系统人工点计数法测定体积分数的试验方法》（ASTM E562—2019）标

准进行环焊缝的金相检验，试样应包括碳钢基层和耐蚀合金层，应分别在12点钟、3点钟和6点钟位置取3个平行试样进行试验，然后将试样横截面抛光并浸蚀后，在光学显微镜下观察（放大倍数至少为200倍），不允许出现有害金属间相、晶间连续沉淀相以及 σ 相。

（2）化学成分取样位置如图5.5所示，距耐蚀合金层对接焊缝内表面1.5mm处进行化学成分分析，且试样应尽可能靠近根焊焊缝中心区域。需分析的元素包括Mn，Cr，Ni，Mo和Fe。与填充AWS ERNiCrMo-3焊材标准化学成分相比，元素Cr，Ni，Mo的含量不应低于AWS ERNiCrMo-3规定最低值的90%，元素Mn含量不超过AWS ERNiCrMo-3规定最高值的90%，元素Fe含量不应大于5%。

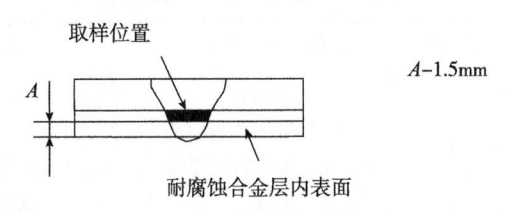

图5.5 化学成分取样位置示意图

（3）焊接接头应按标准《天然气地面设施抗硫化物应力开裂和应力腐蚀开裂金属材料技术规范》（SY/T 0599—2018），按照图5.6位置进行硬度检测。应分别在12点钟、3点钟和6点钟位置取3个平行试样进行试验，试样应包括耐蚀合金层和碳钢基层。耐蚀合金层（编号4、5、10、15、19、20、21、22、23、24）的硬度平均值不得超过315HV10，单个值不得超345HV10，碳钢母材位置（编号1、2、3、6、7、8、9、11、12、13、14、16、17、18）硬度不超过250HV10。

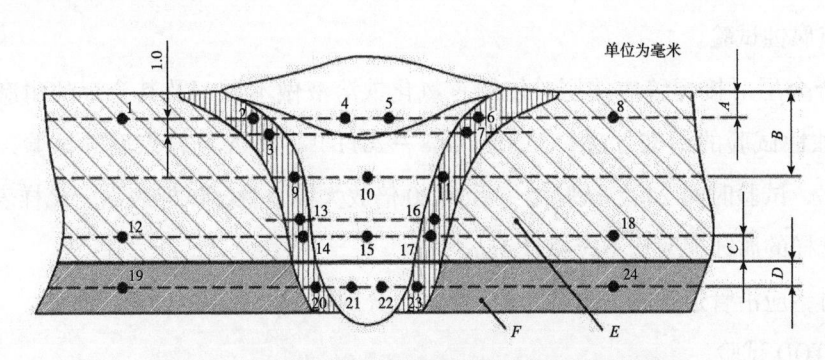

图5.6 耐蚀合金复合钢管环焊缝维氏硬度检测示意图

A—距离基层外表面1.5mm，+0.5mm、-0.0mm；B—基层中间壁厚处；
C，D—距基层与耐蚀合金层结合面两侧各1.0mm，+0.0mm、-0.5mm；E—基层；F—耐蚀合金层；
2、3、6、7、9、11、13、14、16、17、20和23的硬度压痕宜完全在热影响区内，并应靠近熔合线

（4）焊接接头应根据《金属材料 夏比摆锤冲击试验方法》（GB/T 229—2020）标准规定进行夏比冲击试验，试验温度为 –15℃，焊缝及热影响区冲击功值要求三个试样平均值不小于40J，单个最小值不小于30J。

（5）耐蚀合金层对接焊缝应力腐蚀开裂试验（SCC）。

试验应按照 ISO 7539-2（或 ASTM G39）及 NACE TM 0177 标准，采用"四点弯曲法"进行试验，耐蚀合金层对接焊缝试样近管道内表面侧承受拉应力。试验介质应模拟实际工况下的 H_2S、CO_2 分压，温度，气田水条件（表5.2）。

表 5.2 模拟环境 SCC 试验条件

p_{H_2S}（MPa）	p_{CO_2}（MPa）	T（℃）	加载应力（MPa）	模拟气田水溶液组分
3.4	1.8	85	100%AYS（环焊缝熔覆金属在试验温度下的实际屈服强度）	含 K^++Na^+:31702mg/L、Ca^{2+}:372mg/L、Mg^{2+}:73mg/L、Cl^-:42750mg/L、SO_4^{2-}:8816mg/L、HCO_3^-: 824mg/L的模拟气田水溶液。试验时，试样应与元硫直接接触

取样时，应沿管道圆周方向，均匀间隔120°，分别取三个平行试样进行试验。

试验结果检查：试验后，试样在10倍显微镜下观察，其受拉应力面上不应有任何SCC表面裂纹或开裂。

（6）晶间腐蚀试验。

耐蚀合金层对接焊缝应根据《锻制高镍铬轴承合晶间腐蚀敏感性检测的标准试验方法》（ASTM G28—2002）方法A进行晶间腐蚀试验，且试样的腐蚀速率均不应超过1.0mm/a。

取样时，应沿管道轴向，均匀间隔120°，分别取3个平行试样进行试验。

（7）点腐蚀试验。

耐蚀合金层对接焊缝应按照《使用三氯化铁溶液做不锈钢及其合金的耐麻点腐蚀和抗裂口腐蚀性试验的标准方法》（ASTM G48—2011）方法A进行点腐蚀试验，试验温度（50±2）℃，试验时间24h。试验结束后在20倍放大镜下观察试样表面。试样表面应无点腐蚀，且试样的腐蚀速率均不应超过4g/m²。

取样时，应沿管道轴向，均匀间隔120°，分别取三个平行试样进行试验。

（8）CTOD试验。

环焊缝及其热影响区应分别进行CTOD试验，试验标准执行《金属材料 准静态断裂韧度的统一试验方法》（GB/T 21143—2014），CTOD计算公式执行标准 ISO 15653—2018，试验温度 –10℃，其中焊缝试样每组3个，热影响区试样每组3个，缺口开口位置如图5.7所示NP方向。CTOD试验结果不应低于0.254mm。

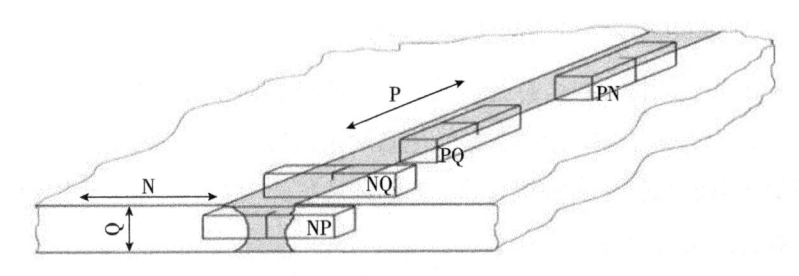

图5.7　CTOD试样缺口开口方向示意图

2.无损检测

环焊缝无损检测及其验收指标应满足《耐腐蚀合金双金属复合管焊接及无损检测技术标准》(SY/T 7464—2020)的规定要求。无损检测还应符合下列规定：

（1）焊缝外表面宜进行直接或者间接目视检测。

（2）焊缝内表面应使用激光扫描和数码相机成像进行表面成形质量和氧化程度检测，其合格质量评定标准按照《耐腐蚀合金双金属复合管焊接及无损检测技术标准》(SY/T 7464—2020)中目视检测的规定要求执行。当设备无法进入时，应在业主或者业主代表见证下，通过观察窗，采用强光手电等辅助器材进行内表面成型与氧化程度检测。

（3）生产焊接达到内保护气体撤除的最小焊缝厚度时，应进行1次射线中间检测，推荐采用DR进行检测，射线检测结果应满足《耐腐蚀合金双金属复合管焊接及无损检测技术标准》(SY/T 7464—2020)标准的规定要求，不允许存在根部缺陷。如检测不合格，应切除焊口。焊缝完成后应采用自动超声检测（AUT）和数字射线检测（DR）。

（4）返修焊缝应采用原检测方法进行检测，同时还应增加射线检测（DR）和渗透检测（PT）。对于原采用AUT方式进行超声检测的焊口，若坡口形式发生变动后，宜采用PAUT检测。

（5）对检测结果有疑问的部位应补充其他方法进行检测。

3.返修

（1）应由具有返修资格的焊工按返修焊接工艺规程进行。返修或割除应获得业主或业主代表的批准。

（2）除弧坑裂纹外的所有裂纹焊口应切除包括热影响区在内的整个焊缝。弧坑裂纹应通过修磨去除。

（3）当根焊与过渡层在内的6mm厚度范围内存在缺陷时，应切除包括热影响区在内的整个焊缝。

（4）缺陷应通过机械打磨去除，不应采用碳弧气刨。打磨成型的焊缝坡口表面应平滑过渡，并对坡口面进行目视检测和渗透检测合格。

（5）缺陷清除后应保证最终打磨形成的坡口凹槽底部和管子内表面之间厚度不应少于6mm。对小于6mm焊缝金属厚度的缺陷，应切除包括热影响区在内的整个焊缝。

（6）返修焊缝的总长度不应超过单个环焊缝总长的40%，且单个允许返修的焊缝长度不应超过该焊缝总长的30%。

（7）根焊缺陷和裂纹性缺陷不应返修。

（8）同一部位只可返修1次，返修不合格应采用机械方法将焊缝切除，并应重新焊接，单个返修的长度不应小于50mm。

第八节　案例说明

针对本章第五节内容，选择某公司的工程法兰管理项目为例，进行案例说明。

一、施工过程

传统法兰安装主要依托施工单位按照标准〔《工业金属管道工程施工规范》（GB 50235—2010）、《天然气净化装置设备与管道安装工程施工技术规范》（SY/T 0460—2018）、《钻前工程施工及质量验收规范》（Q/SY XN0302—2009）等〕进行检查并安装，往往只针对锈蚀和划痕进行检查。为获得更好、更科学的法兰、阀门安装质量，参照B公司标准要求，项目制定特有的《法兰管理方案》，细化了法兰检查环节，明确了施工单位、监理、CDB等各单位职责，严格控制了螺栓的紧固方式和力矩大小，确保了安装质量。

法兰安装管理包括法兰面粗糙度检测、螺栓螺纹保护、垫片检查、法兰对中检测和扭矩检查，对不符合要求的法兰面进行维修，检查合格后方可进一步安装。法兰安装过程中每一步均需获得施工、专业人员签字确认后方可进行下一步操作。在该项目工程中，主要施工流程如图5.8所示。

流程中的相关负责人包括：法兰管理主管、法兰安装人员、法兰紧固人员、法兰管理主管、项目管理团队现场负责人、法兰安装班组长。

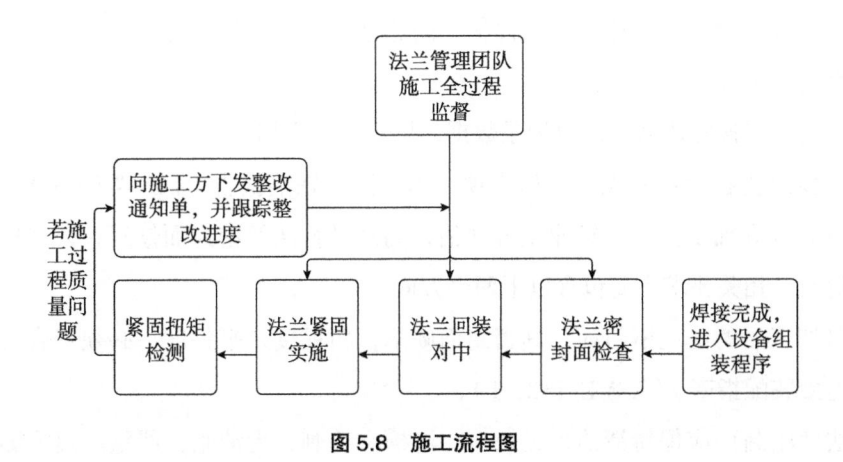

图 5.8 施工流程图

（1）法兰管理主管。

按照标准对法兰密封面进行检查，包括如法兰密封面缺陷，粗糙度，平整度等。法兰密封面缺陷，粗糙度，平整度，必须符合的 ASME-PCC—1（压力边界螺栓法兰连接装配指南）的要求，如不合格，则进行密封面修复。

（2）法兰安装人员。

遵从作业程序来进行法兰回装工作，严格执行垫片、螺栓、法兰对中的要求。

（3）法兰紧固人员。

根据现场不同的紧固条件，正确使用合适的紧固设备，按照所给的法兰扭矩值和标准紧固程序，进行螺栓紧固工作。

（4）法兰管理主管。

紧固完成后进行扭矩检验，确认紧固扭矩在范围内。

（5）项目管理团队现场负责人以及法兰安装班组长。

在施工过程中发现质量有问题，法兰管理主管向业主方汇报，并向施工方开具整改通知单，并跟踪整改进度。

二、法兰密封面检查和修复

法兰密封面检查和修复流程如图 5.9 所示，改过程中的主要负责人为法兰管理主管，其相关职责主要包括：

（1）按照法兰检测表格（JAS-WDS-001），法兰密封面缺陷，粗糙度，平整度逐项步骤对法兰进行检测，并记录各项数据；

（2）当法兰密封面检查出不合格事项时，填写报告 JAS-WDS-003 并向业主方提出整改报告和加工方案，经业主方相关部门评估，同意修复后按照相应的 JSA 和作业规程对法兰及时进行修复、更换；

（3）修复、更换完成后，及时记录数据，填写法兰机加工报告。

密封面修复流程为：发现不合格事项，填写法兰缺陷报告（JAS-WDS-003）；向业主方提出整改要求和加工方案；经业主方评估，同意进行法兰密封面修复；公司提供设备修复法兰密封面。相关要求主要包含以下两个方面：

（1）机加工后的法兰密封面，其密封面缺陷，粗糙度，平整度，必须符合《压力边界螺栓法兰连接装配指南》（ASME-PCC-1）；

（2）法兰密封面应保持清洁，无缺口、沟槽和毛刺，无油脂，严重压痕等影响密封的缺陷。

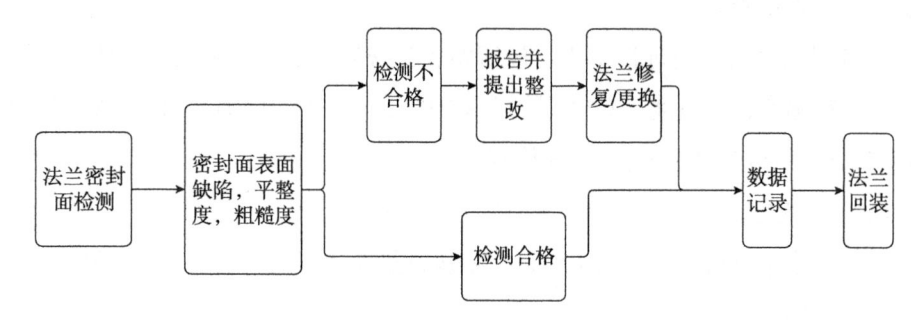

图 5.9 法兰密封面检查和修复流程图

三、法兰回装对中要求

法兰回装对中要求见表 5.3 及表 5.4。

表 5.3 法兰回装对中要求

步骤	要求
垫片	（1）按安装程序文件的要求核对垫片的尺寸和材质； （2）垫片应有标示，不得随意切割或改造垫片； （3）安装垫片前，应确认其无任何诸如弯曲、折痕、缠绕圈松弛、表面划痕、毛刺等影响密封的缺陷，损坏的垫片应更换； （4）非金属平垫片和金属缠绕垫不应重复使用； （5）垫片安放于法兰密封面中央，与法兰内径同心。安装垫片过程中应采用适当的方法进行定位，不得使用胶带固定垫片，不得使用润滑脂（除非垫片制造方有特殊要求）； （6）将法兰闭合，确保垫片不被压坏

续表

步骤	要求
螺栓	（1）按安装程序文件的要求核对螺栓、螺母（垫圈）的材料、尺寸、类型； （2）螺栓应正确标示，螺栓防护层应完好，螺栓和螺母的螺纹应无变形以及毛刺、毛边、裂纹等损伤，如发现应进行修理或替换； （3）法兰与螺母的接触表面应平整，无目视可见不均匀磨损、严重凹陷、刮痕等现象； （4）除安装程序文件另有规定外，采用扭矩扳手上紧螺栓时，应使用认可的润滑剂均匀地涂敷在螺栓工作表面以及螺母或垫圈的承载表面，避免润滑剂沾染在垫片和法兰密封面上，带涂层新螺栓不需使用防咬合润滑剂，但在第二次使用时，应涂上防咬合润滑剂； （5）将螺栓和螺母装配在法兰的每个螺栓孔上，紧固前手工将螺母适当拧紧或旋转到标记位置，每个螺栓端部伸出螺母的螺纹个数大致相等，紧固后螺母应完全旋入螺栓或螺柱的螺纹内，任何情况下，与螺母未啮合的螺栓或螺柱的螺纹应不大于1~2个螺距，采用螺栓拉伸装置时，应校核螺栓长度
对中	（1）法兰接头中心线错口≤1.5mm； （2）法兰接头密封面的不平行度≤0.8mm； （3）法兰螺栓孔应对准，孔与孔之间的偏移不大于3mm； （4）法兰间隙，不大于两个垫片的厚度

表 5.4 法兰接头安装对中偏差示例

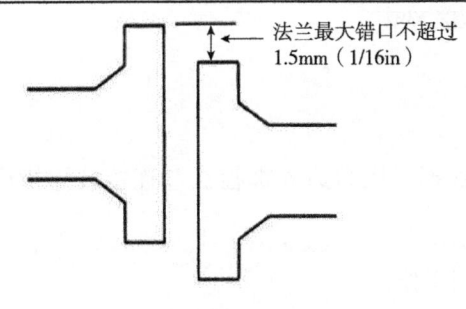 法兰最大错口不超过1.5mm（1/16in） **法兰错口** 在法兰外缘选四个点，间隔90°，控制各点错口偏差≤1.5mm	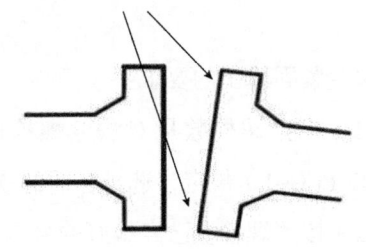 最大间隙和最小间隙不可超过0.8mm（1/32in） **法兰平行度** 测量和比较法兰的最大、最小间隙，确定法兰密封面平行度，控制其偏差≤0.8mm
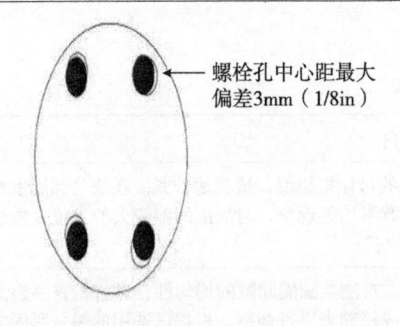 螺栓孔中心距最大偏差3mm（1/8in） **螺栓孔中心距偏差** 两法兰螺栓孔应对中，螺栓可自由穿过法兰螺栓孔，最大偏差3mm	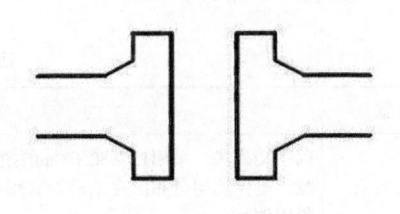 **间隙** 一般两法兰间距不大于两倍垫片厚度，间隙过大时，应进行调整

四、法兰紧固

法兰紧固流程如图 5.10 所示，该流程中主要负责人为法兰管理主管以及法兰紧固人员。前者的主要职责为：依照 JAS-WDS-002 中的步骤一、步骤二对法兰、垫片及螺栓进行逐项检测。若检测不合格，按照 JAS-FC-001 和 JAS-FC-002 工作流程，重新修复。此外，紧固完成后，还需填写 WDS-139 数据表；后者的主要职责为：检验合格后，按照相应的作业规程及工作安全分析要求，对法兰进行紧固。

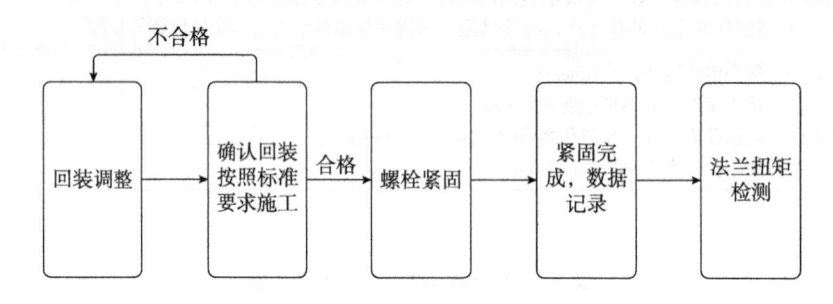

图 5.10 法兰紧固流程图

法兰紧固施工的要求：

（1）根据螺栓数量对法兰螺栓进行编号，依据《压力边界螺栓法兰连接装配指南》（ASME-PCC-1）规定，选择合适的紧固顺序；

（2）按照螺栓上已经编好的号码顺序进行紧固工作；

（3）紧固施工方式将根据法兰施工技术方案中确定的方法进行；

（4）紧固扭矩值按工作前期计算所给定的扭矩值进行施工；

（5）紧固步骤见表 5.5。

表 5.5 紧固步骤

步骤	载荷
安装	以手动方式，采用 15~30N·m 的扭矩或不超过 20% 的目标扭矩值，适当地拧紧。在法兰圆周上检查间隙，确保均匀分布。在未进行紧固前，如发现间隙有不均匀现象，对局部间隙较大的方位，做适当的紧固调整
第一圈	进行 30% 的目标扭矩值紧固工作。在未开始紧固前，对法兰圆周间隙的均匀性，进行检查一遍。如发现有局部部位的间隙较大，应对其采取适当的拧紧或松动来进行调整。根据已选用的编号紧固方式，进行紧固
第二圈	进行 60% 的目标扭矩值紧固工作。在未开始紧固前，对法兰圆周间隙的均匀性，进行检查一遍。如发现有局部部位的间隙较大，应对其采取适当的拧紧或松动来进行调整。根据已选用的编号紧固方式，进行紧固

续表

步骤	载荷
第三圈	进行100%的目标扭矩值紧固工作。在未开始紧固前，对法兰圆周间隙的均匀性，进行检查一遍。如发现有局部部位的间隙较大，应对其采取适当的拧紧或松动来进行调整。根据已选用的编号紧固方式，进行紧固
第四圈	重复进行第三圈100%的目标扭矩值紧固工作。但这回沿着圆周的顺序来进行紧固。必须确保在扳手达到目标扭矩值前螺母已经不再有转动。如出现螺母还有转动现象，必须再重复进行第四圈的紧固步骤，在达到目标扭矩值前螺母不再有转动，用敲击测试检查螺栓是否紧固，螺母无松动

五、检测

法兰的检测工作流程如图 5.11 所示，该流程中，项目工程师负责在项目完成后，向项目负责人提交完整的工作报告；法兰管理主管负责对法兰的力矩进行最终检测。

（1）检测范围：10% 法兰（根据实际情况调整）。

（2）扭矩范围：最小扭矩 =90%× 施工扭矩，螺栓不转动，到最大扭矩 =110%× 施工扭矩；螺栓转动，合格。

（3）检测合格，三方签字确认。

（4）检测不合格，法兰管理主管向业主方汇报，并向施工方下发整改通知单，并跟踪整改进度，并根据施工流程图判断是否需要对法兰进行重新施工，直至合格。

（5）气密检查合格，施工合格，气密检查不合格，则返回施工流程，查找原因，重新施工。

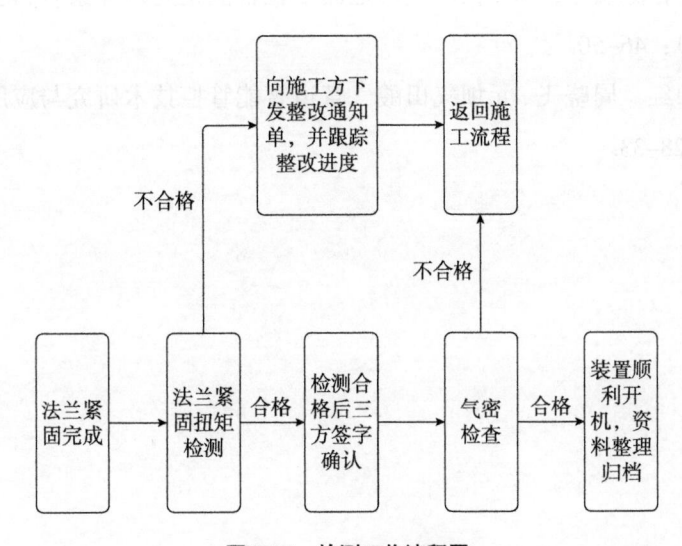

图 5.11 检测工作流程图

参考文献

[1] 中国石油学会质量可靠性专业委员会.石油工程质量可靠性研究与应用[M].北京：石油工业出版社，1996.

[2] 李银生.延长气田高含硫井区勘探开发中的安全措施研究[J].化工设计通讯，2020，46（7）：251-252.

[3] 郑云东，黄卿卿，刘桓竭，等.伊朗南帕斯高含硫碳酸盐岩气田钻井优化技术[C]//中国石油学会天然气专业委员会.第32届全国天然气学术年会（2020）论文集.西南油气田开发事业部，中国石油海洋工程有限公司钻井事业部，2020.

[4] 孙天礼，韩雪，黄仕林，等.元坝高酸性气田地面管道内腐蚀预测[J].油气储运，2023，42（1）：40-45.

[5] Dana M M, Javidi M. Corrosion simulation via coupling computational fluid dynamics and NORSOK CO_2 corrosion rate prediction model for an outlet header piping of an air-cooled heat exchanger[J]. Engineering Failure Analysis，2021，122: 105285.

[6] Shafeek H, Soltan H A, Abdel-aziz M H. Corrosion monitoring in pipelines with a computerized system[J]. Alexandria Engineering Journal,2021,60（6）:5771-5778.

[7] 何石，向鹏.元坝气田高压分离器自动排液系统技术改造与效果分析[J].西部特种设备，2021，4（3）：67-73.

[8] 薛岗，王立宁，陈晓刚，等.长庆气田地面工程智能化建设探索[J].内蒙古石油化工，2020，46（9）：46-50.

[9] 高凯旭，梁中红，周晓飞.元坝气田酸气管道智能管控技术研究与应用[J].智能制造，2021（S1）：28-33.

第六章　高含硫气藏地面工程调试及试运行管理

调试及试运行阶段是各个设备基本安装完毕，具备送电试运行条件。各系统先进行单机试运转，然后子系统动态调试运行、子系统间联动联调。系统经过联动联调后，即可进入总体工程的"综合联动调试及验收阶段"，期间完成试运行试验，最后进行系统的验收。正常后才能交付使用。

调试及试运行的目的是为了检查地面工程工艺流程试运情况，检查前期设计、施工、安装等的工程质量，检验设备在设计、制造和安装等方面是否符合工艺要求和满足设备技术参数，设备的运行特性是否符合运转的需要，并对设备试运中存在的缺陷进行分析处理，进一步完善设计，对工程中出现的问题提出建议。通过检测调整工况，使系统达到设计要求，通过对设备的调试摸索各项运行参数，为节能工作和完善运行提供可参考的依据。

地面工程调试及试运行在设备全部安装完成后进行，管道敷设和设备安装要符合设计图纸要求；各设备按系统文件进行检查，单机运行必须正常，与各系统的联动、信息传输和线路敷设满足设计要求。

第一节　调试及试运行工作流程体系

一、调试及试运行前的准备

1. 前期准备工作

（1）组成调试运行专门小组，含土建、设备、电气、管线、施工人员以及设计与建设方代表共同参与。

（2）操作人员和技术培训。

（3）工具、消防器材的准备。

（4）各机械设备、仪表、阀件是否满足设计工艺要求。各处理单元及连接管段流量的匹配情况。自动控制系统是否灵敏可靠。检查设备有无异常振动和噪声。

（5）将所有设备挂上硬纸牌，标明其名称及功能。

（6）操作工认真阅读工艺原理图、主要设备的使用说明书，牢记设备操作程序，了解可能出现的故障及排除方法。

（7）准备必要的排水及抽水设备，堵塞管道的沙袋等。

（8）拟定调试及试运行计划安排。

（9）建立调试记录、检测档案。

2. 调试及试运行前检查

（1）系统上电前检查：设备检查、工艺管线连接、各设备连接检查、电气检查、消防器材检查、调试现场安全警戒。

（2）检查可燃气体报警系统是否正常。

（3）检查空压机、空压管线等空压系统是否运行正常。

（4）给排水系统是否运行正常。

（5）控制系统参数设置检查。

（6）检查各设备管路是否连接好，检查各个设备和所有连接紧固螺钉是否松动，各元器件连接是否良好。

（7）开机前，确认各手动阀在正确状态，才能开机。

二、岗位设置

1. 运行调试指挥系统

运营调试总指挥、工艺调试运行副指挥、机械电气自控副指挥、安全后勤保障副指挥。

2. 岗位职责

（1）总指挥一名负责全面工作。

（2）负责工艺调试运行工作人员四名，其中副指挥一名，负责所有工艺调试运行方案的制定、组织实施和协调工作，工艺调试运行技术人员三名，负责工艺调试运行方案的实施工作。

（3）负责机械电气自控设备调试运行工作人员四名，其中副指挥一名，负责机械电气自控设备运行方案的制定、组织实施和协调工作，机械电气自控设备技术人员三名，负责机械电气自控设备运行方案的实施工作。

（4）负责安全后勤保障工作人员四名，其中副指挥一名，负责安全后勤保障工作方案的制定、组织实施和协调工作，安全后勤保障工作人员三名，负责安全后勤保障工作的实施工作。

（5）各生产岗位组长，组织并落实本组人员对本岗位所负责区域内的工艺调试运行、机械电气自控设备调试运行、安全后勤保障工作。

三、单机调试

工艺设计的单独工作运行的设备、装置或非标均称为单机。在充气后，进行单机调试。单机调试应按照下列程序进行：

（1）按工艺资料要求，了解单机在工艺过程中的作用和管线连接。

（2）认真消化、阅读单机使用说明书，检查安装是否符合要求，机座是否牢固。

（3）凡有运转要求的设备，要用手启动或者盘动，或者用小型机械协助盘动，无异常时方可点动。

（4）按说明书要求，加注润滑油（润滑脂）加至油标指示位置。

（5）了解单机启动方式，如离心式压缩机则可带压启动；定容积压缩机则应接通安全回路管，开路启动，逐步投入运行；离心式或罗茨风机则应在不带压的条件下进行启动、停机。

（6）点动启动后，应检查电机设备转向，在确认转向正确后方可二次启动。

（7）点动无误后，作3~5min试运转，运转正常后，再作1~2h的连续运转，此时要检查设备温升，一般设备工作温度不宜高于50~60℃，除说明书有特殊规定者，温升异常时，应检查工作电流是否在规定范围内，超过规定范围的应停止运行，找出原因，消除后方可继续运行。单机连续运行不少于2h，检测各单机在设计满负荷条件下的运行情况。

单机运行试验后，应填写运行试验单，签字备查。

四、联动调试

在完成单机与单元调试后，所有设备转入自动控制，进行联动调试，大致内容如下：

（1）进行投产风险评估；

（2）协调系统逐项检查；

（3）编制、见证并跟踪尾项清单；

（4）实施调试程序，例如：

①泄漏测试；

②干燥和吹扫；

③通燃料气；

④首次装填（溶液、催化剂等）；

⑤系统功能测试；

⑥因—果关系测试；

⑦控制系统界面测试；

⑧完整性测试。

（5）将系统完工数据库上传资产登记表中（FED，LCS，CMS）。

（6）进行预生产安全审查（PSSR）。

（7）将非烃类公共设施投入运行。

（8）核实和准备开车证书相关的重要的数据/资料的完整性。

第二节 调试及试运行紧急事件预防方案

一、编制原则

（1）紧急事件预案针对可能造成人员伤亡、施工停止、财产损失和具有突发性的事故、灾害，如触电、机械伤害、火灾等；

（2）预案以努力保护人身安全为第一目的，同时兼顾财产安全和调试正常，尽量减少事故、灾害造成的损失；

（3）预案是发生紧急情况时的处理程序和措施；

（4）预案要结合实际，措施明确、具体、具有很强的可操作性；

（5）预案应符合国家法律法规的规定。

二、工作要求

1. 必备的资料与设施

（1）数量足够的内线和外线电话、或其他通信设备；

（2）安全防护物资和设施（登记在册，包括应急救援物资和设备名称、数量、型号大小、状态、使用方法、存放地点、负责人及调动方式）。

2.应急预案准备

（1）相关人员须服从统一指挥，整体配合、协同作战、有条不紊、忙而不乱；

（2）必须确保应急救援器材及设备数量充足、状态良好，保证遇到突发事件时各项救援工作正常运转；

（3）各应急小组成员必须落实到人，各司其职，熟练掌握防护技能。

三、应急预案

1.可能事故的基本估测和可能造成的后果

（1）可能事故的基本估测如下：电气设备、材料的火灾危险；触电、机械伤害、物品坠落危害。

（2）可能造成的后果如下：设备损失、人员伤亡。

2.事故应急措施

（1）事故发现人发现后，通过喊话的方式通知危险区人员撤离危险区按照"先救人后救物"的原则，先切断电源，第一时间救人。

（2）现场操作人员应急措施：在事故发生后，现场操作人员实施应急措施的及时、正确与否，往往在很大程度上决定了快速平息事故，减少人员伤亡、财产损失的实际效果。

（3）关停动力设备。

（4）报警、向上级汇报。

（5）控制事故扩大。当发生爆炸或可能发生二次事故的，要待爆炸结束后才能组织施救。

（6）疏散人员。当发生窒息、中毒时，要先进行有效隔离；采取个人防护措施或采取通风净化措施后才能进入施救，佩戴有效的通信器材工具、身系安全绳。

（7）开展自救与互救，火灾时疏散人员，注意清点现场人数，有组织地撤离危险区域，在事故范围外指定安全地点集结，接受治疗和提供应了解的现场情况。

（8）现场安全监护人和施工人员要尽快利用现场的消防器材，开展对初起火灾的扑救，当预计到现场人力和消防器材不足以扑灭火情时，要及时撤离并拨打电话内部报警电话，报警时要讲清楚项目所在位置、失火部位、火势大小等内容。

3.现场抢险

（1）火灾出现时根据物品的性质确定灭火介质进行扑救。

（2）触电时现场人员应当机立断地脱离电源，尽可能地立即切断电源（关闭电源），亦可用现场得到绝缘材料等器材使触电人员脱离带电体，将伤员立即脱离危险地方，组织人员进行抢救。

（3）机修组人员排除二次事故，保护和转移物品。

（4）营救、寻找、保护、转移事故中心区受伤人员，医疗救护人员和消防人员混合编组，分片履行救护任务。

（5）负责通信的人员通过通信手段和治安人员组织人员进行疏散。

（6）治安人员控制事故区域的边界和人员车辆进出。

（7）密切注视事故发展和蔓延性情况，必要时请求外界支援。

四、安全事故应急救援流程

（1）事故发生初期，事故现场人员应积极采取应急自救措施，防止事故的扩大。

（2）应急小组立即投入运作，组长及各成员应迅速履行职责，及时组织实施相应事故应急救预案，并随时将事故排查情况报告上级。

（3）事故发生后，在第一时间里抢救受伤人员。保卫部门应加强事故现场安全保卫、治安管理和交通疏导工作，预防和制止各种破坏活动，维护社会治安，对肇事者等有关人员应采取监控措施，防止逃逸。

（4）当有重伤人员出现时救援小组应及时提供救护所需药品，利用现有医疗设施抢救伤员。同时拨打急救电话120呼叫医疗援助。

（5）事故报告事故发生后安全员必须形成书面的事故报告。

第三节 案例说明

以 A 公司管道施工项目为例，对本章内容进行案例说明。

一、施工执行

（1）线路施工流程。

线路施工流程图如图 6.1 所示。

（2）实行单管图管理，确保竣工图与实际一致：管沟放线、开挖、焊接安装单管图进行管理，对每道焊口、弯头实际位置进行测量，确保竣工图信息真实准确，为智能清管和生产管理提供准确信息。

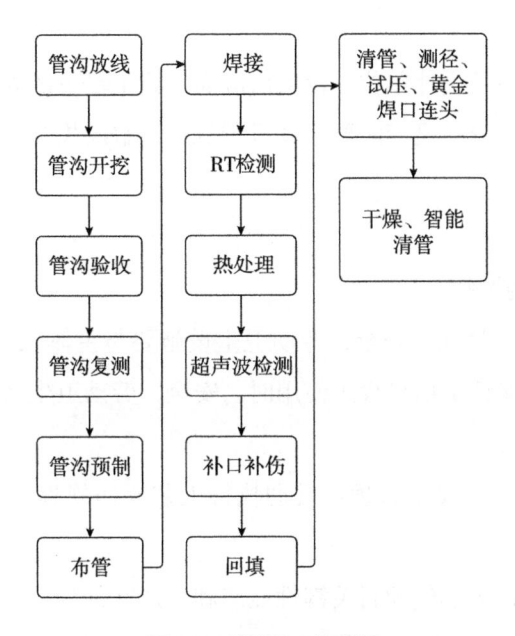

图 6.1 线路施工流程图

（3）确保高含硫焊口焊接流程及质量：严格按照焊接工艺规程执行焊口管理，针对碰死口（黄金焊口），严格执行黄金焊口管理制度，确定黄金焊口位置，焊接过程及检测标准较常规高含硫焊口更为严格。

（4）现场焊口喷砂除锈达到工厂级要求：焊口防腐除锈，完全采用喷砂除锈工艺，喷砂完成后检查锚纹深度，确保油漆附着力。

（5）严格按照规范要求进行回填：沟底和管道上方300mm细土进行回填，下雨后形成的超过粒径的板结土也不符合要求，不允许回填湿泥。针对石方区采购土回填或采用碎石机进行碎土后回填，确保回填质量。

（6）智能测径、清管：对管道进行漏磁检测，准确发现疑点位置。

二、生产准备及试运行

1. 生产准备

1）人员培训及进场计划

为确保天然气净化厂安全运行，要求生产运行、现场操作、维护岗位的人员在上岗前进行岗前培训，即在本工程调试期间参与现场相关培训工作，具体培训内容按各个岗位要求分别进行。另外，对于重要设备、新增设备的维护，相关维修人员应在现场设备安装完成后，全程参与设备调试。

2）试运投产前安排

试运投产前，工程涉及设计单位、设备供应商、施工单位的人员都要到现场，检查相应的准备工作是否已作充分；投产时要在场进行保运，解决投产中遇到的各种问题，确保投产工作的顺利进行。

2. 试运行

1）试运行安全保护措施

（1）加强"三同时"管理：安全、劳动卫生设施要与主体工程同时设计、同时施工、同时投入生产和使用，保证本项目投入使用时，安全、劳动卫生及消防设施不漏项，确保安全运行。

（2）加强对工艺操作的安全管理：贯彻执行工艺操作规程，严格贯彻执行安全操作规程。

（3）严格执行A公司天然气项目关键性试车和投产文件程序：调试阶段、试运阶段应严格按照A公司天然气项目关键性试车和投产文件相关程序执行，确保过程安全。

2）紧急防范预案

（1）一般故障见表6.1。

表6.1 一般故障

故障现象	原因	处理措施
流程不通	（1）阀门故障	切断气源检修
	（2）异物堵塞	切断气源疏通管道
法兰漏气	（1）螺栓未紧或紧偏	均匀拧紧
	（2）垫片损坏或偏置	更换
盲板漏气	（1）盲板质量问题	更换
	（2）密封件问题	更换密封件和加密封脂
调压阀不起作用	（1）连接管问题	按操作说明书维修调整
	（2）膜片损坏	更换
	（3）设定压力与实际不符	重新调整

（2）突发事故。

净化厂装置管线、设备爆裂事故处理：

①净化厂装置管线、设备爆裂事故时，在保证人员安全的前提下，立即关闭事故体上下游阀门，并及时向指挥组汇报事故情况；

②打开放空阀放空，并及时点火；

③远端切断电源，断绝火源，大范围设立警戒；

④若事发现场有人员受伤，应采取急救措施，并迅速送往医院治疗；

⑤及时组织施工队伍进行抢修作业；

⑥向消防部门报警。

净化厂装置泄漏着火事故处理：

①立即切断非防爆装置、设备的电源。

②现场人员弄清着火情况后，立即向指挥组汇报。如果火势较轻微，原则上就地组织人员，使用消防器材进行灭火，并对未着火设备降温。如果火势严重，应立即拨打119，详细报告着火的具体单位、地名以及着火物质、时间和火情，请求消防部门支援。

③关闭进、出站阀并放空点火。

④弄清着火位置后，看是否有人员烧伤和中毒，消防人员、救护人员、抢险人员到达现场后，应分组进行伤员救护、人员疏散和灭火工作。

⑤人员的救护和疏散应选取最近的安全通道撤离，并设立事故安全警戒区和警戒线，严禁非工作人员进入，避免引发新的人员伤亡。

⑥如果事故不能控制如爆炸着火，应组织人员选择安全通道撤离。

预防硫化氢中毒措施：当净化厂装置或管线发生大量气体泄漏时，抢险人员在进行抢修作业时要预防硫化氢中毒，要穿戴防毒面具、防护眼镜、防静电服装；在抢险作业时，若有人中毒，应将中毒人员抬至通风地带进行抢救（如人工呼吸），情况严重者应立即送往最近的医院救治。

三、调试

针对本章第三节内容，选择某公司项目的调试工作流程进行案例说明。

1. 调试前工作

1）调试系统的划分

为方便调试工作的开展，调试系统可划分为多个调试子系统，每个系统至少包含一个子系统。在总图上用红线框出系统组所处的地理位置，并在P&ID图或主要电气单线图上用彩色标明子系统范围，并对系统和子系统进行编号。调试系统图纸是标明调试系统和子系统的编号和界限的工程制图，包括管道仪表流程图、电气单线图和电气断路器图表等。

以ODP1项目调试系统为例，其被划分成了39个系统组，432个系统，1003个子系统。详见表6.2。

表 6.2 ODP1 调试系统的划分

序号	系统组名称	系统组号	系统名称	系统号	子系统名称	子系统号
1	G1集气站公用工程/辅助施	01A	PCS (DCS, ESD, FGS, PLC)	0194	PCS (DCS, ESD, FGS, PLC)	0194-01
2			通信系统	0198	CCTV&IDS (可视监控/防入侵系统)	0198-01
3			空气系统	0119	仪表风系统	0119-01
4			空气系统	0119	工厂风系统	0119-02
5			新鲜水系统	0121	新鲜水系统	0121-01
6			消防水系统	0123	消防水系统	0123-01
7			G1集气站1—生活污水系统	0124	生活污水处理系统	0124-01
8			供电系统	0148	从正坝到GZG1的10kV电路	0148-01
9			供电系统	0148	TR3-014801变压器	0148-02
10			供电系统	0148	SW4-014801 400V配电盘	0148-05
11			供电系统	0148	应急柴油发电机 DG-014801	0148-07
12			供电系统	0148	UPS 供电系统	0148-08
13			供电系统	0148	插入式继电器盘	0148-10
14			供电系统	0148	变频器柜盘	0148-11
15			生活基地	0150	建筑	0150-01
16			生活基地	0150	饮用水系统	0150-02
17			生活基地	0150	HVAC暖通系统	0150-03
18			生活基地	0150	照明&小电源	0150-04
19			生活基地	0150	防雷接地保护系统	0150-05
20			生活基地	0150	排污系统	0150-06
21			生活基地	0150	消防安全系统	0150-07
22			生活基地	0150	PAGA	0150-08
23			生活基地	0150	通信系统	0150-09
24			生活基地	0150	从正坝到GZG1生活区的10KV电路	0150-10
25			生活基地	0150	TR3-015001变压器	0150-11
26			生活基地	0150	SW4-015001 400V配电盘	0150-12
27			生活基地	0150	UPS 供电系统	0150-13
28			通用房	0151	房建：HVAC, 建筑, 饮用水, 污水排放	0151-03
29			通用房	0151	房建：照明和小电源, 防雷接地保护	0151-04
30			通用房	0151	房建：消防安全系统	0151-07
31			通用房	0151	房建：PAGA	0151-08
32			通用房	0151	房建：通信	0151-09

续表

序号	系统组名称	系统组号	系统名称	系统号	子系统名称	子系统号
33	G1集气站公用工程/辅助施	01A	公用工程/辅助设施——非调试系统	0187A	非调试系统	0187A-01
34			社区报警系统	0188	社区报警	0188-01
35			公用工程/辅助设施——安全设施和标识	0189A	安全设施和标识	0189A-01
36			公用工程/辅助设施——防雷接地保护	0192A	防雷接地保护	0192A-01
37			公用工程/辅助设施——火灾和气体检测系统	0195A	火灾和气体检测系统	0195A-01
38			PAGA	0197	PAGA	0197-01
39			公用工程/辅助设施——照明和小电源	0199A	照明和小电源	0199A-01
40	G1集气站工艺系统(含烃系统)	01B	井口	0101	LJ-5-1井口	0101-01
41				0101	LJ-5-3井口	0101-02
42			化学品加注	0102	LJ-5-1化学品加注	0102-01
43				0102	LJ-5-3化学品加注	0102-02
44			加热和分离系统	0103	LJ-5-1水套加热炉	0103-01
45				0103	LJ-5-3水套加热炉	0103-02
46				0103	分离系统	0103-03
47			脱水系统	0107	TEG脱水装置	0107-01
48				0107	TEG补充和回收系统	0107-02
49			燃料气系统	0117	燃料气系统	0117-01
50			放空火炬系统	0118	放空火炬系统	0118-01
51			生产水系统	0122	生产水系统	0122-01
52			污水收集和排放系统	0133	检修污水系统	0133-01
53				0133	紧急污水系统	0133-02
54			烃类系统——非调试系统	0187B	非调试系统	0187B-01
55			烃类系统——安全设施和标识	0189B	安全设施和标识	0189B-01
56			烃类系统——防雷接地保护	0192B	防雷接地保护	0192B-01
57			烃类系统——火灾和气体检测系统	0195B	火灾和气体检测系统	0195B-01
58			烃类系统——照明和小电源	0199B	照明和小电源	0199B-01

2）调试数据库管理

该项目调试数据库按子系统到系统再到系统组的层级编制文件，并采用三类检查记录表。

A类检查表用于跟踪承包商或项目施工部对单个设备项目（如：设备安装，泵灌浆，钢架结构搭建）完成的静态检查的质量表格。

B类检查表用于跟踪承包商或项目施工部完成的任何组件级动态检查表，例如：翻新设备的行动项记录、催化剂填充记录、设备返修记录、调试要求的追加组件检测、作业团队在场见证的活动等。

C类检查表用于跟踪公司完成的任何有关子系统级别或者更高级别的检查记录表。例如：系统合规文件记录、安全操作许可记录、调试各类检查表的完成记录、调试程序完成记录、系统巡检记录。

3）调试程序编制

根据系统和子系统调试的需要，编制相应的调试程序，每个调试程序都包含相应要素及各种调试程序，具体见表6.3及表6.4。

表6.3 调试系统包含要素

章节	目录	备注
1	介绍	
1.1	子系统描述	
1.2	测试目的	
1.3	测试简介	
1.4	完成时子系统的变化	
1.4.1	测试开始前子系统的状态	
1.4.2	测试结束时子系统的状态	
2	调试概述	
2.1	子系统定义	
2.1.1	子系统设备列表	
2.1.2	子系统相关图纸清单	包括子系统边界图、设备平面布置图、工艺仪表流程图等，并标明文件号
2.1.3	子系统相关程序文件清单	包括操作规程、厂家调试手册、维修手册等，并标明文件号
2.2	安全和环保要求	
2.2.1	安全设备	包括PPE和其他安全设施
2.2.2	调试前的培训要求	现场HES培训、优良作业培训、程序审查等
2.2.3	调试前的工作安全分析	

续表

章节	目录	备注
2.2.4	调试区域管理	将调试区域用栅栏围起来,和其他区域进行隔离,并实行准入管理
2.2.5	调试风险评估	
2.2.6	环保事项	
2.3	通信	现场的通信将通过对讲机或面对面沟通
2.4	调试人力资源清单	
2.5	调试工具、消耗品以及备品备件清单	
3	调试工作详细步骤	按调试顺逐步进行描述
4	附录	(1)子系统图纸 (2)工作安全分析记录 (3)子系统完工证书 (4)报告 (5)供应商参与调试工作计划(如有可用) (6)区域控制草图 (7)阀门位置登记表 (8)断路器状态登记表

表 6.4 调试程序分类及数量

缩写	名称	英文描述	数量	备注
SAT	电气现场验收测试程序	Electrical Site Acceptance Test	374	
IFTP	仪表功能测试程序	Instrument Functional Test Procedure	787	
ABP	空气吹扫程序	Air blow Procedure	2	
BCP	基础清洗程序	Basic Cleaning Procedure	18	
CCP	化学清洗程序	Chemical Cleaning Procedure	13	
CIP	防腐预膜程序	Corrosion inhibitor Pre-filming Procedure	8	
FTP	功能测试程序	Functional Test Procedure	200	
LTP	泄漏测试程序	Leak Test Procedure	15	
MCP	机械清洁程序(液硫池)	Mechanical Cleaning Procedure Sulfur Pit	1	
MLP	过滤材料和化学品装料程序	Filling Procedure	44	
SAT	现场验收测试程序	Site Acceptance Test	52	撬装设备和动设备
SBP	总的蒸汽吹扫程序	Generic Steam Blow Procedure for Targeted Steam Blows	2	
SFP	水冲洗程序	Fresh Water System Flushing	4	
SPP	智能清管程序	Smart Pigging Procedure	8	
STP	服务测试程序	Service Test Procedure	41	
		合计	1616	

2. 调试

当施工单位完成施工完工后，调试团队将从施工单位接手系统和子系统，并按调试程序开展相应的调试。

施工到调试的移交流程如下：

（1）施工完毕后，施工团队发出施工完工检查申请；

（2）开展施工完工检查，并编制尾项清单；

（3）准备施工完工证书，已完成"A"类检查表（此检查表由施工团队完成，以确认该系统已完成施工）；设计变更已关闭；图纸已更新，和实际完全吻合；A类尾项已全部关闭，例外项已达成共识；所有现场验收测试已完成；相应的合规文件已取得；

（4）准备移交文件包，文件包应包含以下文件，移交报准备完毕后即开展资料和实物移交。

调试完成后，将装置以系统组的形式移交给作业团队。当调试团队将系统组所有权移交给生产作业部门之后，作业团队便可开展开车工作。此时，系统和（或）系统组的保管权、所有权和控制权，以及许可证签发、保养和维护职责均转移给作业团队。

移交流程如下：

（1）调试完毕后，调试团队发出最终联审通知。

（2）调试团队以及作业团队带领多个专业小组一起开展最终联审。根据"一次检查/一个尾项清单"的要求，编制最终的尾项清单并冻结尾项，但重要的安全事宜和（或）移交交付项除外。

（3）准备开车证书，已按调试方案完成了该系统所有的调试活动，并完成了B类和C类检查和测试记录（B类检查表由施工和调试团队共同完成，以确认预调试工作的完成情况；C类检查表由调试团队完成，以确认调试程序的完成情况）；所有A类和B类尾项已整改，C类尾项达成一致意见，其他例外项也达成共识；设计变更已关闭。

（4）准备移交文件包，文件包应包含以下文件，移交报准备完毕后即开展资料和实物移交。

3. 主要的调试工作描述

1）蒸汽吹扫

通过对所有蒸汽系统进行受控高速吹扫，有效确保管道清洁，防止设备因焊渣而损坏。为了除掉蒸汽管道内的铁锈和施工残留物，蒸汽吹扫时的蒸汽速度必须高于正常流速的最大值。管线在吹扫期间需要加热，吹扫间隙需要冷却，管道的膨胀和冷缩有助于管道内壁上铁锈的和施工残留物的分离脱落。另外，在透平机入口端的中压蒸汽管道处将会设置一个靶板（带抛光的金属表面）用来确认最后一次吹扫质量是否符合蒸汽透平机供应商的技术要求，具体安装位置及示意图如图6.2及图6.3所示。

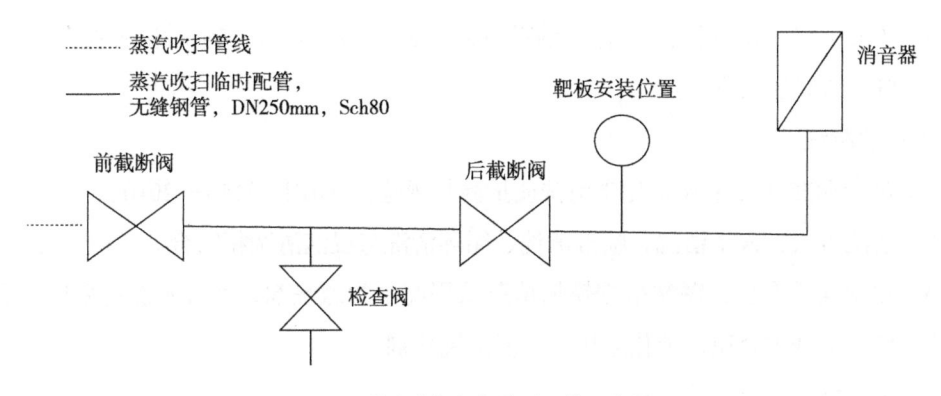

图6.2 蒸汽吹扫打靶临时配管示意图

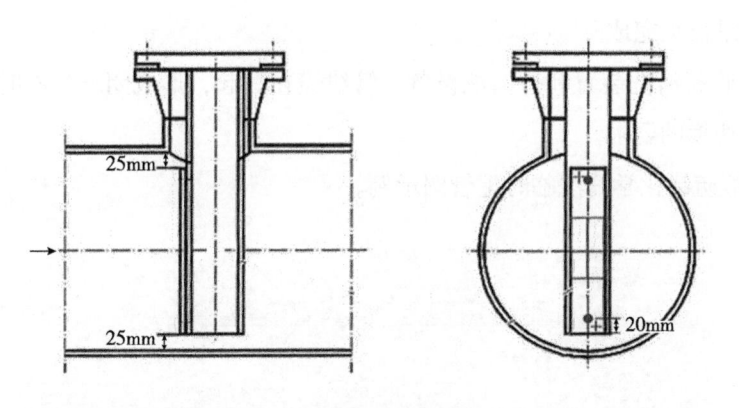

图6.3 靶板安装示意图

蒸汽吹扫验收标准：

（1）非打靶吹扫管线，用出口蒸汽的颜色来判断是否吹扫合格，如果出口蒸汽为白色，则表示合格，若出口蒸气是黑色或黄色，则需要继续吹扫。

（2）对于需要靶板检测的管线，则根据靶板上的点迹来判断吹扫是否合格。若满足以下标准，则表示吹扫合格。

目标区无直径 > 0.8 mm 的点迹；

目标区最多两处直径 > 0.4 mm 的点迹；

目标区最多十处直径 > 0.2 mm 的点迹；

直径 < 0.2 mm 的点迹呈集中均匀分布。

非圆形点迹，以最大相对角测量值代表点迹直径。

天然气处理厂第一列装置中压过热蒸汽和中压蒸汽管道累计划吹扫139h（从5月5日11:00到5月11日6:00）。蒸气流量24t/h，压力1.1MPa，每2h切换一次蒸汽温度（250~350℃），吹扫时蒸汽消音器后的噪声为102~106dB。蒸汽临时排放管为DN250mm的无缝钢管，外设防烫保护层。

2）化学清洗

（1）执行标准：《工业设备化学清洗质量验收规范》（GB/T 25146—2010）。

（2）清洗方式：人工清洗、喷淋清洗、循环清洗与浸泡清洗相结合。

（3）化学清洗介质：碱洗根据锈垢情况采用配制的碱洗剂；酸洗及漂洗采用复配的除锈清洗剂作为清洗主介质；钝化采用蓝星复配钝化剂。

（4）临时配管要求：

①安装临时管线所用的钢管、阀门、管件质量必须合格，焊接和安装必须由具备相应资质的焊工和维修工完成。

②临时配管将清洗装置和待清洗设备、管线连在一起，形成闭环。同时，临时配管系统满足正反向切换的要求。

图6.4为液硫罐化学清洗临时配管图示例。

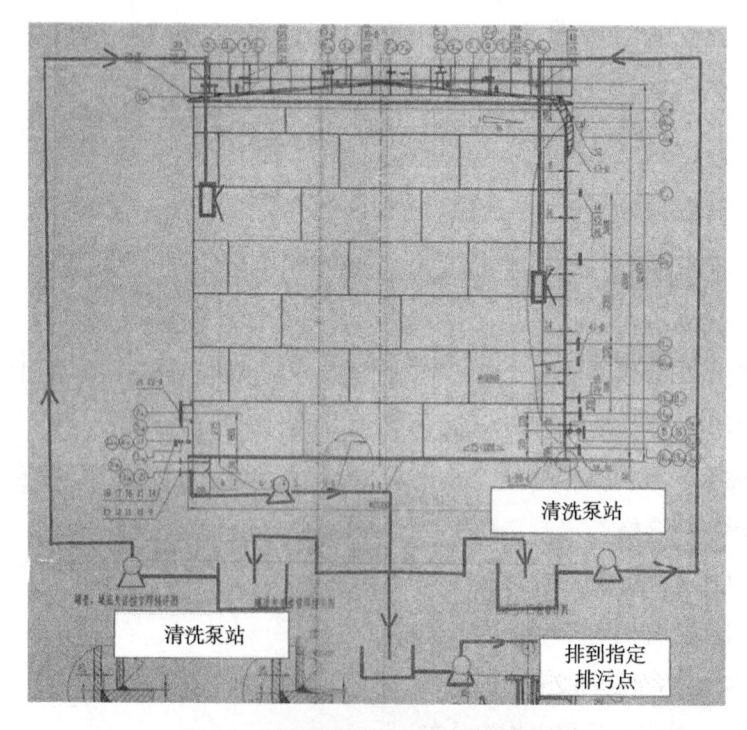

图6.4 液硫罐化学清洗临时配管图示例

（5）化学清洗工艺过程及分析监测。

设备清洗流程如下：

①水冲洗（系统试压）：水冲洗及系统试压的目的是将设备内可能存在的污物冲洗掉，同时检查全系统有无泄漏。

②脱脂：脱脂的目的是去除系统中各类有机物，同时进行垢质转化，使酸洗过程中的有效成分更完全、彻底地同污垢表面接触，从而促进金属氧化物和污垢的溶解，以保证达到良好的清洗效果。

③水冲洗：碱液排放后，用大量水冲洗，以除去系统内残存的碱液和可能脱落的垢。

④酸洗：酸洗是利用酸洗剂与垢物起反应，生成水溶性物质，从而使清洗面内表面清洁，达到安全生产的目的。

⑤水冲洗：酸洗结束后，排净酸液，充满新鲜水进行冲洗，去除残留在系统中的酸液和洗落的颗粒。

⑥漂洗：目的是除去水冲洗时金属表面可能产生的二次浮锈，以保证钝化效果。

⑦钝化：目的是防止酸洗后处于活性状态的金属表面重新迅速氧化而产生二次浮锈。

⑧人工清理：清洗完成后，全系统进行详细检查。对局部钝化膜破损或出现大量浮锈的部位进行人工修复处理，同时彻底清除沉积在设备底部的垢物残渣，合格后复位。

⑨设备保养：清洗钝化完成后，经过钝化的设备表面钝化膜在潮湿多氧的情况下仍会有反锈的可能，因此必须进行干燥及充氮气保护。

各阶段分析检测见表6.5。

表6.5　各阶段分析检测分析表

顺序	名称	清洗介质	分析项目	合格标准	分析频率	备注
1	水冲洗	水	浊度（目测）	排水清澈透明无杂物或排水与给水浊度相差小于10mg/L时	1次/30min	
2	脱脂	脱脂剂3%~3.5%（磷酸钠，表面活性剂，烧碱）	pH值	当系统脱脂液碱度、浊度基本平衡	1次/45min	时间：6~10h 流速：0.2~0.5m/s
3	水冲洗	水	浊度（目测）pH值	排水清澈无杂物且pH值<9时	1次/30min 1次/30min	
4	酸洗	（1）清洗剂（6%~8%）（2）0.3%的Lan-826（硝酸，磷酸，氢氟酸）	酸浓度 全铁浓度 pH值	酸浓度和铁离子浓度达到稳定，监视管段已清洗干净，则结束酸洗。酸洗后，取出腐蚀试片，观测腐蚀情况	1次/60min 1次/30min 1次/60min	时间：6~8h 流速：0.2~0.5m/s

续表

顺序	名称	清洗介质	分析项目	合格标准	分析频率	备注
5	水冲洗	水	浊度（目测）pH值	当出水接近中性时，浊度平衡后即可结束水冲洗	1次/30min 1次/30min	
6	漂洗	（1）漂洗剂(2%~3%) （2）0.3%的Lan-826 （硝酸，磷酸，氢氟酸）	漂洗液浓度 全铁浓度 pH值	2h后，酸浓度、铁离子浓度都已稳定，监视管浮锈已除净，漂洗停止	1次/45min 1次/45min 1次/30min	时间： 1.5~2h 流速： 0.2~0.5m/s
7	钝化	（1）钝化剂(2%~3%) （2）pH值调节剂2%	pH值	漂洗结束后，若溶液中铁含量小于500mg/L，直接加药剂调pH值至9~10，加入钝化药剂进行钝化。若溶液中铁含量大于500mg/L，则应稀释漂洗液至溶液中铁含量小于500mg/L，再加入pH值调节剂	1次/30min	时间： 4~6h 流速： 0.2~0.5m/s
8	人工清理			对局部钝化膜破损或出现大量浮锈的部位进行人工修复处理，同时彻底清除沉积在设备底部的垢物残渣		
9	设备保养			干燥及充氮气		

（6）化学清洗后的验收标准。

①除垢率≥95%，以试样的酸洗结果为准，内表面无残留物。通过目测法检查清洗面。

②平均腐蚀速率小于$6g/(m·h)$，总腐蚀量小于$60g/m^2$。

③被清洗的金属表面清洁，基本无残留氧化物和焊渣，设备被清洗表面无二次浮锈、点蚀、无金属粗晶析出，形成完整的钝化膜。

3）氮气/氦气泄漏测试

氮气/氦气的气密性检测广泛地应用于碳氢化合物工艺系统的调试工作，是专门用来保证工艺设备和管道在引入碳氢化合物时安全性的一种调试检测方法。使用氮气/氦气做气密性检测对于川东北天然气项目至关重要，因为来自井场的碳氢化合物具有酸性且硫化氢浓度高达15%。本项目由第三方公司提供全套测试技术服务，使用氮气（99%）/氦气（1%）混合气体为介质，利用氦质谱仪进行检测，以确保装置在法兰、螺纹接头、阀门格兰头、八字盲板等位置不存在任何外部泄漏。

氮气/氦气泄漏测试适用范围：凡是接触天然气（原料天然气、净化天然气）和酸气（含H_2S、SO_2）的设备/管线、能解吸出天然气和酸气的溶液/水的设备/管线，均需要进行氮气/氦气泄漏测试。

氮气/氦气泄漏测试的压力：最终测试压力为设计压力的95%，通常分4~5个压力等级进行，初始测试压力为0.2MPa或最终测试压力的25%的低值，分别为最终测试压力的25%、50%、75%、100%。每个压力等级均需要进行监测，合格后方可升压到下一个等级。升压速度不得大于0.1MPa/min，流量不大于26.0m³/min；降压速度不得大于0.2MPa/min，流量不大于52.0m³/min。

合格标准：稳压时间不小于30min（压力波动小于10%法兰），盘根等潜在的泄漏点的泄漏量不得超过5ft³/a（0.142m³/a）。

4. 该项目调试工作的优缺点

1）优点

（1）用围墙将调试区域与其他区域（施工区域、公用通道等）进行机械隔离，并实行严格的准入管理，有效控制避免无关人员进入调试区域；

（2）对调试区域进行能量隔离，并挂牌上锁，在名牌上标明了上锁原因，上锁人名字和联系电话等信息；

（3）实行调试区域准入培训制度，凡需要进入调试区域工作的人员均需经过相应的培训并考核合格；

（4）实行调试作业许可证制度，每一项调试工作都要办理相应的作业票，作业许可证上标明了作业名称、作业人员、作业期限、作业风险、作业风险控制措施等信息；

（5）实行调试晨会制度，每天早晨6:30各部门主管和关键岗位人员通报昨天的工作（包括取得的成绩和遇到的困难）和今天将要开展的工作，调试经理负责在会上协调各项事宜；

（6）引入专业队伍协助开展调试工作，比如蓝星化学清洗公司、贝克休斯等，有效提高了调试质量。

2）缺点

（1）调试系统划分太细、增加了系统机械隔离和能量隔离的工作量，降低了调试工作效率；

（2）调试和操作团队分离、效率低，不能充分发挥SWOG操作人员在调试中的作用；

（3）调试管理层级多达四级，效率低；

（4）调试管理团队高峰期达到300人左右，但该公司的管理人员不足10人，其他技术人员和管理人员均从第三方公司临时招聘，团队磨合期长，另外绝大部分调试人员缺乏在天然气行业的工作经历；

（5）调试程序编制人和操作人不是同一人，造成理论和实际脱节。

参考文献

[1] 中国石油学会质量可靠性专业委员会. 石油工程质量可靠性研究与应用[M]. 北京：石油工业出版社，1996.

[2] 王勇，郑鹤. 长宁页岩气区块集输站场风险评价技术研究[J]. 石油与天然气化工，2021，50（3）：134-138.

[3] 何光裕，王凯全，黄勇，等. 危险化学品事故处理与应急预案[M]. 北京：中国石化出版社，2010.

[4] 王冬冬，郝竹君，王黎珣，等. 危险化学品事故应急救援信息实时采集与需求分析研究[J]. 中国安全生产科学技术，2023，19（202）：122-129.

[5] 钱小群，夏一峰，黄武. 气体报警系统的现场检测[J]. 机电工程技术，2015，44（1）：116-118.

[6] 罗刚，蒋学彬，涂熹薇，等. 油气田有毒气体泄漏预警与监测系统研究[J]. 钻采工艺，2013，36（6）：116-118.

[7] 牛旻，何杨，杨涛，等. 西南油气田信息化标准体系架构的实践探索[J]. 信息技术时代，2023（11）：194-196.

[8] Padmaja M, Shitharth S, Prasuna K, et al. Grow of artificial intelligence to challenge security in IoT application[J]. Wireless Personal Communications, 2022, 127（3）：1829-1845.